# 中华优秀传统文化

| 主　编 | 高　勇 | 于艳华 | 白　岩 | | | |
|---|---|---|---|---|---|---|
| 副主编 | 吕雪平 | 曲丽娜 | 冯　琳 | 纪晓毳 | 张佳琪 | 马　波 |
| 编　者 | 朱亚杰 | 丛玲玲 | 段亚楠 | 衣绘锦 | 张丽萍 | 李冬玲 |
| | 郝金平 | 郑　堃 | 贾丽敏 | 鲁春旭 | 李炳燊 | 季小钰 |
| | 齐芮佳 | 邓馥淇 | 史　伟 | 蔡青池 | 鲁　婷 | 于　博 |
| | 刘　明 | 齐　莹 | 刘丽倩 | 包晗雪 | 焦德琼 | 李　岩 |
| | 杨　迪 | 曹　阳 | 曲红美 | 李晓航 | | |

北京理工大学出版社

BEIJING INSTITUTE OF TECHNOLOGY PRESS

**图书在版编目（CIP）数据**

中华优秀传统文化／高勇，于艳华，白岩主编. --

北京：北京理工大学出版社，2023.9

ISBN 978-7-5763-2872-1

Ⅰ. ①中… Ⅱ. ①高… ②于… ③白… Ⅲ. ①中华文

化-高等学校-教材　Ⅳ. ①K203

中国国家版本馆 CIP 数据核字（2023）第 173644 号

---

**责任编辑**：徐艳君　　　**文案编辑**：徐艳君
**责任校对**：周瑞红　　　**责任印制**：施胜娟

---

**出版发行** / 北京理工大学出版社有限责任公司

社　　　址 / 北京市丰台区四合庄路 6 号

邮　　　编 / 100070

电　　　话 / （010）68914026（教材售后服务热线）

　　　　　　（010）68944437（课件资源服务热线）

网　　　址 / http://www.bitpress.com.cn

---

版 印 次 / 2023 年 9 月第 1 版第 1 次印刷

印　　　刷 / 唐山富达印务有限公司

开　　　本 / 787 mm×1092 mm　1/16

印　　　张 / 13.5

字　　　数 / 223 千字

定　　　价 / 42.00 元

# 前　言

《易传·象传上·贲》中载："刚柔交错，天文也；文明以止，人文也。观乎天文，以察时变；观乎人文，以化成天下。""文化"一词由此而来，文化是民族的血脉，是人民的精神家园。中国文化博大精深、源远流长。

中华传统文化是指居住在中国地域内的中华民族及其祖先所创造的、为中华民族世世代代所继承和发展的、具有鲜明民族特色的、历史悠久的、博大精深的文化。它是中华文明演化而汇集成的一种反映民族特质和风貌的民族文化，是民族历史中的各种思想文化、观念形态的总体表征。

习近平总书记在中央党校建校 80 周年庆祝大会暨 2013 年春季学期开学典礼上的讲话指出，"中国传统文化博大精深，学习和掌握其中的各种思想精华，对树立正确的世界观、人生观、价值观很有益处。古人所说的'先天下之忧而忧，后天下之乐而乐'的政治抱负，'位卑未敢忘忧国'、'苟利国家生死以，岂因祸福避趋之'的报国情怀，'富贵不能淫，贫贱不能移，威武不能屈'的浩然正气，'人生自古谁无死，留取丹青照汗青'、'鞠躬尽瘁，死而后已'的献身精神等，都体现了中华民族的优秀传统文化和民族精神，我们都应该继承和发扬。"

中华民族历经几千年，除了儒家文化这个核心内容，还包含其他文化形态，如道家文化、墨家文化、法家文化等。在大学生中开展传统文化教育，可以发挥重要作用。首先，教会大学生学会做人，提高个人整体素质；其次，增强民族自尊心、自信心和自豪感；最后，开阔视野，培育理性态度和务实精神，为社会主义文化建设服务。

在医学类大学生中开展传统文化教学，可以培养崇高的人文精神与高超的临床技能相结合的医药卫生人才。中国传统文化精神，尤其是儒家文化有着深厚的底蕴，其核心价值理念已经被人们广泛认同，同时儒家文化对当代医学的人文精神影响深远；加强传统文化教育，有利于医学生继承和发扬中华民族自强不息的精神，形成积极有为、奋发向上的人生态度，使他们在将来的医疗实践中能够传承人文情怀。作为新时代的医学生，更应该树立廉洁奉献的良好形象，更好地满足社会需求。

本书紧跟新时代步伐，适应社会需求，抓住中国传统文化的精髓，围绕传统文化的主要内容，结合医学人文精神培养的客观需求，讲述传统文化所涉及的主要领域，包括思想文化、教育文化、古代文学、礼仪文化、节庆文化、艺术文化、中医药文化等基本内容，将优秀传统文化带进大学生的课堂，将优秀传统文化内容融入思想政治教育，让广大学生在学习知识的同时，了解优秀传统文化的魅力，培养爱国主义情怀。

编委会全体教师本着对中国传统文化的热爱和职业院校教育教学工作的需要，共同合作编写了本书。在编写过程中，广泛听取了教师和同学们的意见和建议，对学术观点、文字表述等问题进行了认真细致的研讨，尽量做到表述正确。因教学经验和研究水平的局限，若出现不尽如人意之处，恳请读者批评指正和谅解，我们在后期做进一步的修改与完善。

编　者
2023 年 3 月

# 目　录

# 第一章　博大精深的传统文化

## 教学目标

1. 了解中华传统文化的起源与发展脉络，感受中华传统文化的博大精深。

2. 掌握新时代学习中华传统文化的重大意义及方法。

3. 通过感受中华传统文化的博大精深，形成文化自信认同感，激发学习、传承中华优秀传统文化的积极性。

## 重点难点

感受中华传统文化的博大精深，建立文化自信的认同感，激发学习、传承的兴趣与激情。

## 引　文

习近平总书记在党的十九大报告中指出："文化是一个国家、一个民族的灵魂。文化兴国运兴，文化强民族强。没有高度的文化自信，没有文化的繁荣兴盛，就没有中华民族伟大复兴。"在党的二十大报告中强调："全面建设社会主义现代化国家，必须坚持中国特色社会主义文化发展道路，增强文化自信，围绕举旗帜、聚民心、育新人、兴文化、展形象建设社会主义文化强国，发展面向现代化、面向世界、面向未来的，民族的科学的大众的社会主义文化，激发全民族文化创新创造活力，增强实现中华民族伟大复兴的精神力量。"为了实现中华民族伟大复兴，中国共产党团结带领全党全军全国各族人民，以奋发有为的精神把新时代中国特色社会主义不断推向前进。面对严峻复杂的国际形势和接踵而至的巨大风险挑战，我们要坚持对马克思主义的坚定信仰、对中国特色社会主义的坚定信念，坚定道路自信、理论自信、制度自信、文化自信，把马克思主义思想精髓同中华优秀传统文化精华贯通起来，为全面建设社会主义现代化国家、全面推进中华民族伟大复兴勇毅前行。

## 第一节　中国传统文化的起源与发展

巴比伦文明、埃及文明、印度文明和中华文明被称为四大文明。按被发现的先后顺序，中华文明虽然排在第四位，却是唯一被保留至今且从未间断的文明。中华传统文化历经几千年，灿烂辉煌，独具特色，底蕴深厚。

### 一、中国传统文化的起源

溯源中华传统文化的起源，不同领域有其各自不同的记载。黄河被称为中华民族的母亲河，历史认为黄河流域是中国文化的摇篮。随着考古研究的不断深入，人们发现除黄河流域外，辽河流域、长江流域、淮河流域和珠江流域都有长达四五千年的文明历史。从时间上看，仰韶时代中晚期（约公元前3000年）、龙山时代（约公元前3000—公元前2000年）是中华文明的起始、形成时期。从文献记载看，《史记》中司马迁从黄帝开始记录，《尚书》以《尧典》开篇，记录了中华民族远古时期关于炎帝、黄帝、蚩尤、尧、舜、禹的传说。中华文明在大河的灌溉和孕育下发生、发展。新石器时代出现氏族和农业，使用石器，制造陶器，饲养猪、狗等家畜。从早期母系氏族的集体生产、平均分配的"血亲管理"方式逐渐进入晚期的父系氏族，形成以酋长为首脑的同姓氏族和多个同姓氏族的联盟。新石器时代的仰韶文化、龙山文化等遗址中，出土了大量表面上趋于观赏性的鱼形、几何图形等图案的彩陶、黑陶，由此看来，这一时期的人类已初具审美意识，是人类精神文化的开端。

### 二、中国传统文化的发展

按照中国历史上王朝的更迭顺序，中国传统文化自远古时期的发展以后，又先后经历了以下几个重要历史阶段。

第一阶段，共计1800年左右的夏、商、周时期是中华文明初步发展的阶段。夏代青铜器的发明和制造标志着中华民族进入了文明时代。"国之大事，在祀与戎"，夏、商、周三代，青铜器的冶炼及铸造技术高超，除了被用作生产工具、酒器、水器、饪食器等，更多的是被铸成礼器和兵器，反映了夏、商、周时期浓重的礼乐文化。上面的铭文除了甲骨文，还有金文、陶文、货币文等。文字的出现，表明中华民族已经跨入了信史时代。

第二阶段，公元前221—公元220年的秦汉时期。经过多年的兼并战争，公元前221年，秦始皇统一中国。虽然秦王朝仅存在十几年便因暴政被推翻，但大统一后的诸多举措，为后世历代王朝的更替奠定了格局和基础，是古代帝国的完成期。统一文字、货币、度量衡；设立中央集权的郡县制；"焚书坑儒"，统一文化思想；"家天下"的皇位继承制的肇始。汉朝的统治从西汉时期汉高祖刘邦到东汉汉献帝刘协，共27位君主，历时426年。"文景之治""罢黜百家，独尊儒术""古丝绸之路"等皆形成于这一历史时期。

第三阶段，魏晋南北朝至明朝中期。这一时期，对内，汉族文化同少数民族文化交流融汇；对外，亚洲其他国家的外来艺术和宗教文化开始传入中国，并与本土的佛家文化、道家文化互相影响。唐末宋初，工商业逐渐繁荣，经济发展迅速，城市成为经济和文化的集散地，市井文化趋于活跃，反映人民生活的小说、戏曲等文化艺术大量产出。

第四阶段，明朝末期至五四运动时期。明朝中期以后，中国封建文化衰败，商品经济渐趋活跃，出现了"资本主义萌芽"，中国文化进入转型期。黄宗羲、顾炎武等一大批思想启蒙家开始反对传统的封建专制主义，主张设立学校、学习科学。"十月革命一声炮响，给我们送来了马克思列宁主义。"经过艰苦卓绝的革命，持续两千多年的君主专制体制被推翻，我国社会开始向现代化国家体制转变，近现代文化兴盛蓬勃。

一直以来，中华文化的形成虽受复杂的地理环境影响，民族分布与文化分流出现了天然的地域，但伴随着统一的多民族国家形成的"大一统"历史进程，国家政权虽有更迭，或间有盛衰，然而民族间的融合却从未中断。在民族的迁徙、聚合和战争冲突中，中华文化出现了一次又一次的文化融合和文化交流高潮，体系更加磅礴，博大精深的中国文化不断地向前发展。

### 拓展阅读

1. 新石器时代的文化

仰韶文化、河姆渡文化、半坡文化和龙山文化一起并称新石器时代的四大文化。

河姆渡文化的年代大约在公元前5000—公元前3300年，反映的是7000年前长江流域下游地区新石器时代母系氏族村落的古老文化。

仰韶文化大概从公元前 5000 年开始持续了 2000 年的时间，主要分布在黄河中游地区甘肃和河南省之间，彩陶文化鲜明。

半坡文化是仰韶文化的一种，是黄河流域规模最大、保存最完整的原始社会母系氏族村落遗址，同时，也是北方农耕文化的典型代表。骨制、石制的生产工具大量使用，红地黑花的彩陶制品特点鲜明。

龙山文化是汉族先民创造的远古文明，距今 4000~4600 年，处于新石器时代晚期，属于铜石并用的时代，是中国制陶史上的顶峰时期。烧制器物可薄如蛋壳，制作精良，快轮制陶技术普及。

**启迪**：考古发现和文献记载是我们溯源文化、探索历史发展的重要手段和途径，随着考古工作的重大突破，历史的面纱随之被揭开。

2. 文字的发展历史

中国的汉字发展有着十分悠久的历史，从甲骨文、金文、大篆、小篆到沿用至今日的草书、楷书、行书，不同时期的不同风貌反映着不同时代的审美和精神，如图 1-1 所示。

图 1-1　优美的汉字

不同历史时期的字体之间又是怎样的历史关系呢？殷商后期，甲骨文是被刻在动物骨头和乌龟的龟板上，字体更偏形象化，是"俗体字"；西周时期，大量青铜器被铸造使用，且其上多刻有文字，即金文，是"正体文"。战国时期，金文和甲骨文在诸侯割据的历史格局下，形成区域性特点，繁简不一，被称为"六国古文"。秦统一六国后，推行"书同文，车同轨"。虽然秦王朝的统治时间并不长久，但是统一文字的重大举措消除了各地域文字形体不同的状况，对文字的发展影响巨大。所以在战国古文中，秦系文字对后代影响最大。后来，秦国正体字演变为小篆，创始人是秦国丞相李斯。文字发展至小篆这一字体时，文字的笔画、结构基本定型，从文字的形态上看，符号化更为突出。小篆的字体一直沿用到西汉时期，才被隶书代替。西汉时期，隶书的书写充分发挥了毛笔的书写特点，出现了"蚕头雁尾"的波折之笔，故这一时期的隶书又常称为"汉隶"。隶书由俗体字逐渐发展而来，后发展为章草和楷书。楷书又叫真书或正书，于南北朝时期发展为官方正体文字且沿用至今。唐朝时期，正楷盛行，涌现出大批优秀的书法家，如颜真卿、柳公权、欧阳询等，他们的优秀作品时至今日仍被广泛描摹，深受后世喜爱。

**启迪**：文字的出现，有利于后世追溯文化起源，记录文化的繁衍更迭；文字的去繁就简，彰显了传统文化在历史传承中自我更新、与时俱进的变化特点。

## 第二节　传统文化的特点与分类

### 一、中国传统文化的特点

中国传统文化在中国社会历史进程中，历经了多种不同的经济结构、社会结构和自然结构，在文化主体、价值取向、社会心理和思维方式等方面具有其鲜明的民族特色，因此，不同学者的总结角度不同，观点也各不相同。本书观点认为，中国传统文化的特点主要表现在绵延坚韧的文化性格、以人为本的人文传统、伦理本位的道德教化和贵和尚中的处世哲学四个方面。

一是绵延坚韧的文化性格。何为中国传统文化绵延坚韧的性格呢？剖析开来，可以理解为两个方面。一方面，中国传统文化一脉相承，历经几千年绵延不断。现代社会随处可见千年之前先贤的教诲，古老文明历久弥新，这样高度的传承是其他任何一种古文明都未能达到的，这传承本身就是文化性格绵延坚韧的一种体现。"海纳百川，有容乃大"，自西汉以来，中外文化交流日益频繁，外国的宗教、乐舞、雕塑、建筑等不断输入，明末清初西学东渐愈演愈烈，但这些外来的文化艺术并未对中国传统文化造成侵蚀，反而被包容和吸收，促进了传统文化的进一步发展，更加体现了传统文化的底蕴深邃及其博大的包容性。另一方面，在中华民族的历史发展中所体现的民族精神是坚韧的。中华民族的社会结构一直随着历史不断推演，内部分分合合，当受到外族侵略时，历尽万难而取得胜利。这是中华民族精神中坚韧、自强不息的民族品格的体现，同时，也更加强化了中华文化坚韧不拔的文化性格。"天行健，君子以自强不息"，中华民族一直以这样的思想自立自强，久经历史而生生不息。

二是以人为本的人文传统。在中国当代社会生活中，愈发强调以人为本的重要意义，但这并非现代社会的新发明，而是中华文化传承的结果。中国古代思想家一直对人类自身存在的价值进行思考，中华文化强调"人为万物之灵""人与天地参"，形成了一种"敬鬼神而远之"的"重人生、讲人世"的人文传统。《朱舜水集·劝兴》中提出，"敬教劝学，建国之大本；兴贤育才，为政之先务"，人才的培养关乎兴邦治国，"济世强国"的思想观念由此可见。"修身齐家治国平天下"的思想影响着中华民族一代又一代人，将个人努力与家国发展融为一体，形成国家兴亡匹夫有责的社会思想，以人为主导地位的意识形态发展至今。这样的思想形态，引导人具有强烈的集体意识和更高的社会责任感，但同时也导致了人们过度注重社会责任及历史使命，而轻视了人的内在需求，使人们过于约束自己的行为。中华文化在历史顺延的过程中，不断摸索，不断发展，不断壮大，循环渐进。

三是伦理本位的道德教化。在中国传统文化中，伦理道德是最基本的道德规范。西方文化注重人的平等自由，却忽视严格的长幼尊卑制度。而中国传统文化在发展过程中受儒家"忠孝"思想的影响，伦理道德意识相对强烈，认为个人价值理念是建立在以家庭为单位的基础之上的，强调"三纲五常"，即"君为臣纲，父为子纲，夫为妻纲"的"三纲"与"仁""义""礼""智""信"的"五常"。人与人的关系，基本为君臣、父子、兄弟、夫妇、朋友五种，忽视了人本身的机制及其应有的权利，最终成为封建社会伦理精神的核心，伦理道德意识成为人们思想道德形态中的意识基础。在此基础之上，中国的优良文化传统对于个人的最高道德要求，主要表现在"智、仁、知、忠、和、圣"上。"地势坤，君子以厚德载物"，《周易》中阐述，人的道德修养在于"天地合而为一"。春秋时代，孔子就以德为主，建立儒学体系，从此开启德育教化的新方式，对稳定社会、和谐发展起到巨大作用。但这种道德理论的出现，给中国古代广大妇女带来极大的束缚。

四是贵和尚中的处世哲学。中国古代的哲学著作《周易》指出，"保合太和，乃利贞"，认为万物协调、和谐共处才是最高境界。中国春秋时期的经典著作《中庸》（图1-2）认为"致中和，天地位焉，万物育焉"，强调实现人与自然的和谐、人与人的和睦、人的身与心的平衡，达到中正平和的境界，如此，万物才能各得其所，蓬勃发展。"中庸之道"是中华民族处世、入世的最高哲学，和谐是中国传统文化最高的价值表现之一，是中国传统文化中的精华。其主张人自觉修养，在与自然的关系中能够顺应自然规律办事，与自然和谐统一，实现"天人合一"；在处理人与人的关系中，重视建立高度协调的关系，追求和谐稳定的处世方式。可以说，"和"文化贯穿中国传统文化始终。直至今日，在世界格局中，中国一直与世界和平主义者一道，坚持和平主义的大国外交，向世界传播"和为贵"的文明理念。

图1-2 《中庸》

## 二、中国传统文化的分类

中国传统文化是随着历史的推进，由中华民族代代传承而形成的，具有独特的审美情趣，渗透在中华民族客观存在的方方面面，多种构成元素浑然一体，可以将其大致分为古典文学、风俗文化、饮食文化、艺术文化和古代科技文化五个类别。

一是古典文学。在西学传入以前，中国古代学术没有学科门类之分，而是以整全通贯的形态存在的。其内容涵盖了现代学科体系中的人文学科、社会科学及自然科技等众多领域，即"通人之学"，学者皆以此作为学术追求的最高境界，故有"一事不知，儒者耻之"之说。

中国古典文学是中国古代学术中一颗璀璨的明珠，是民族的文化瑰宝，历经千年，传承沉淀，炎黄子孙耳濡目染，代代诵读。如果说有哪个民族的人能够随口就说出几句自己的祖先在几千年前所说的话，那一定是中华民族，这种文化魅力经久未衰，时至今日，愈演愈烈。

了解中国古代典籍，可以从"经""史""子""集"这四类构建体系。广义的经可理解为"经典"或"经籍"，是指被崇奉为典范的著作和宗教典籍，如《水经》《墨经》等，也包括儒家的基本典籍"六经"，即《诗》《书》《礼》《乐》《易》《春秋》。后来，汉武帝"罢黜百家，表彰六经"，"经"开始专指封建政府"法定"的部分儒家经典，即"六经"，专称"经学"。史部是指史学，包括正史、编年史、别史在内的各类典籍及史学研究著作。子部主要是历代思想家著作，既包括儒、道、墨、法、名、阴阳、兵、农等诸子百家，也包括天文、算法、医药、艺术、小说，以及佛教、道教等科技、艺术、宗教类著述。集部分为楚辞、别集、总集、诗文评、词曲等五类，以文学作品为主。到清代纂修《四库全书》，"经""史""子""集"的四部分类已历经千余年，其分类系统发挥到了极致，囊括了中国古代学术的各个方面。

小贴士

**《四库全书》**

《四库全书》又名《钦定四库全书》，分为"经""史""子""集"四部，故名曰"四库"，涵盖了乾隆以前中国传统学术文化的历代典籍。本书共录书籍 3461 种，79309 卷，是对中国传统文化系统、全面的总结，被誉为中国"典籍总汇，文化渊薮"。

"经""史""子""集"构建了我国古代典籍的宏大体系，是历史顺延过程中民族思想精华的沉淀。有人评价说，经部之学是中华民族文化生命的源泉与主干，是国学之魂；史部之学印刻了民族文化生长跋涉的生命历程；子部之学展现了民族文化生命发展中的自我理解和创新智慧；而集部之学则是民族文化生命的情感抒发与心灵歌唱。

二是风俗文化。风俗是人们长期生活劳作，历代相传且积久而成的风尚和习俗。我国幅员辽阔，民族众多，风俗文化是我国传统文化中非常重要的组成部分。所谓"百里不同风，千里不同俗"，受自然环境、地理因素的影响，各地、各民族风俗不尽相同。在我国 56 个民族中，汉族人口占九成以上，汉族文化随历史迁移而不断传播，使得其他众多民族在保有其传统习俗的基础上，不断"汉化"。这也说明了风俗文化具有"移风易俗"的变化特点。

我国有许多传统节日，不同节日的礼俗不同。春节是我国传统习俗中最隆重的节日，有贴春联、燃爆竹、挂年画、舞狮子、拜年等庆祝习俗，又称元日。元宵节是每年的正月十五，有吃元宵、煮汤圆、赏花灯、猜灯谜等习俗。寒食节在冬至后的 105 天或 106 天，这一天只吃寒食，不生烟火，因与清明临近，后人常将寒食的风俗当作清明节的一种习俗。清明节为每年的 4 月 5 日或 4 月 6 日，有扫墓、踏青、放风筝等习俗，表达的是对已故之人的怀念和敬仰。端午节在每年的农历五月初五，有喝雄黄酒、赛龙舟、挂香袋、吃粽子、插花和菖蒲、斗百草、驱"五毒"等习俗。乞巧节又称七夕，有着牛郎织女的爱情传说，被现在的青年人称为是中国的情人节。中秋节在农历八月十五，有赏月、祭月、观潮、吃月饼等习俗，"月圆人团圆"，有亲人团聚的美意。重阳节有登高望远、喝菊花酒、插茱萸的习俗，近年来又有称为敬老节的说法，意在弘扬孝敬老人的传统美德。除此之外，我国少数民族也有富有民族特色的传统节日，如：蒙古族的"那达慕"大会，历史悠久；藏族的藏历年是藏族人民一年中最重要的节日；傣族的泼水节亦为傣历新年；彝族最隆重的火把节（图 1-3）。可以说，我国传统节日文化十分丰富。

**图 1-3　彝族火把节**

我国服饰文化既富有民族特色，又具有鲜明的时代特征，体现了各历史时期、各族人民对审美的不同追求，形成了我国特有的服饰文化。苗族服饰多绚丽，布依族重淡雅，侗族服饰工艺精，瑶族服饰善染、绣等。纵观历史，在不同的发展时期，我国服饰有不同阶段的特点，反映了不同历史时期的文化特征。随着生产力的不断提高，各朝各代的服饰特色彰显了当时社会的工艺水平和审美取向，如此，使历史上的服饰呈现出朝代特点，独具文化特色。近代以来，人们的日常服饰着装相对开放自由，在重大节日和重要场合时，各民族传统服饰不可或缺。

原始社会时期，服饰的意义仅在于遮羞避寒。奴隶社会时期，等级制度出现，服饰的不同代表着社会地位的不同。如：用衣服的颜色代表身份，布衣指平民，青衣指婢女，白衣指赶考考生，黄冠指道士等。现代社会随着二次元文化兴起，许多年轻人喜穿汉服。历史上，汉服的冠服制度对不同场合、不同身份的人着装有明确的规定，这样的衣冠制度一直延续到清朝后期。如图1-4所示：魏晋南北朝时期，女服上长下短；隋唐时期，女服窄衣大袖长裙，且印染、刺绣等技术应用广泛，服饰华美；宋朝时期因受理学思想制约，其服饰多质朴保守；清朝时期，服饰出现了满汉对比，旗袍就源于满族女性的传统服装。

| 魏晋南北朝 | 宋朝 | 隋唐 |

图1-4　古代女子服饰

三是饮食文化。常言道"民以食为天"，在中国传统文化中，人民对美食的追求和重视程度是显而易见的，在东北的民间更是流传着"人是铁，饭是钢，一顿不吃饿得慌"的俗语。我国民族众多，民风、民俗各有不同，饮食文化多种多样。最具地域特色的应属中国的八大菜系，即鲁菜、川菜、苏菜、粤菜、湘菜、徽菜、浙菜、闽菜。八大菜系各具特色，皆是我国地方菜系的代表。中国的烹饪方法多种多样，如煎、烧、炒、煮、烤、蒸等。中国菜肴追求色香味俱全，是一种"观色、品香、尝味、赏形"相结合的艺术。满汉全席108道菜如图1-5所示。

图1-5　满汉全席108道菜

随着中国经济的发展，许多菜品已从属地出发，传遍大江南北，更有一些菜品远传海外，深受各国友人青睐。中国的豆浆在欧美国家的超市中随处可见，被称为植物性牛奶。中国的烹饪技术也随着华人的足迹遍布世界各地。中国的饮食既是中国老百姓的家常事，又是一种代代相传、薪火不断的文化。中医认为，青入肝、赤入心、黄入脾、白入肺、黑入肾，故餐桌之上，各色食材皆有，色、香、味俱全，营养均衡。从选料精细，到烹饪用心，再到细节讲究，中国的饮食文化中蕴含着平衡阴阳、调和五味、科学搭配，追求自然和谐的意境。

茶文化是我国饮食文化的重要组成部分。关于茶的起源说法各异，有人认为起源于神农，有人认为起源于秦汉，但无论其起源于何时，其发展至今内容已十分丰富。茶艺包括选茗、择水、烹茶技术、茶具艺术、环境选择等创造出的一系列内容，其基本精神是"清、敬、怡、真"。品评茶叶技法，鉴赏操作手段，领略品茗意境之美是茶文化的主要内

容，与人们的精神生活密不可分。所以，茶道是一个审美的过程，追求的是宁静雅致。古人云："茶道即人道，品茶即品人。"其中蕴含的深厚底蕴，因品茗个体不同而感悟不同。

酒文化是于千年文明中，渗透到社会生活各个领域的一种特殊的文化形式。我国的酒大多以粮食酿造而成，而其生产量直接与粮食产量有关。我国是农业大国，所以有酒喝，意味着有富足的粮食，意味着丰收，历朝统治者通过调节酒的生产而确保民食。时至今日，我国的酒品种繁多，产量丰盛。饮酒的意义不仅在于口腹之乐，还在于在更多场合中成为一种气氛，一种礼仪，一种文化。在人与人的交往中，往往透过酒品看人品，或因酒拉近人与人之间的距离，或因酒而更好地促进合作，还有以酒祭祀的古老传统。但在如今时社会中，常常因饮酒过量而闯下祸事。"唯酒无量，不及乱"，所以，健康饮酒、适量饮酒、求质不求量才应是酒文化的正确打开方式。

四是艺术文化。艺术是人类精神活动的追求与产物，中国传统艺术种类繁多，书法、绘画、音乐、陶瓷、建筑等都源自人们的生活，又反过来促进生活发展。中国的传统艺术讲究"风骨"，追求"阳刚"，尽显意境之美，虚实相生，和谐统一。

书法作为我国特有的一种艺术形式，在不同历史朝代中被文人墨客所创造和发扬，涌现出许多著名的书法大家，形成了诸多派别。东晋时期，我国书法艺术空前繁荣，"书圣"王羲之汲取各家长处，在草书和行书上独树一帜，其著名的书法作品《兰亭序》（图1-6）被称为天下第一行书。唐朝历代皇帝皆好书法，书法艺术再攀高峰。张旭的草书、李白的诗、裴旻的剑舞并称"三绝"；颜真卿最善楷书，享有"蚕头燕尾"之美誉；柳公权自创柳体，彰显用笔的骨力之美。明朝时期，董其昌有言"晋人书取韵，唐人书取法，宋人书取义"，可见宋代书法大胆创新、自由豪放的特点，如苏轼的《醉翁亭记》、黄庭坚的《松风阁诗》皆是不可多得的书法作品。

图1-6 王羲之的《兰亭序》

中国传统绘画作品中的诗词既是文学又是书法的体现，提款所用的印章更使整幅画作完整有力，中国绘画熔诗、书、画、印于一炉，将"笔下"的艺术融为一体，成为一种综合性的艺术，可谓"书画同源"。早期的中国绘画依题材划分画科，如人物画、山水画等。17世纪前后，西方绘画传入我国，为与之区分，中国绘画统称"中国画"。古人论"画有六法"，即气韵生动、骨法用笔、应物象形、随类赋彩、经营位置、传移模写。从中不难体会中国绘画以意传神、虚实相生的意境追求，这与西方注重细节的写真大有不同。墨线是传统绘画的基础元素，粗细不均，曲直有意，一点一抹，纵横交错，在作画者的渲染下亦动亦静，栩栩如生。"计白当黑"是中国画中常见的一种表现手法，即在画面布局中适当留有一定空白作为画幅的一部分，以使画的效果更加传神，更富有意境。我国十大传世名画之一——《富春山居图》就是水墨山水画的典型代表。但水墨写意画只是中国画的一大类型，中国画的另一大类是工笔重彩画。其画风工整细致，注重刻画细节，而且色彩浓重，装饰效果强，如皇家宫廷的绘画作品等。当然，两种绘画类型也并非泾渭分明，折中二者的画法，也就是半工笔、半写意的绘画领域也十分宽广。北宋名画《清明上河图》就是一幅半工笔、半写意的传世之作。

陶瓷是陶器和瓷器的总称。中国的制陶技艺的产生可追溯到公元前4500—公元前2500年，要比欧洲早1000多年。相传黄帝、尧舜禹时期便是以彩陶来标志发展的。从出土文物可见，仰韶文化的制陶业已十分发达，不但用作日常生活器具，而且有些陶器造型优美，雕饰生动，是艺术珍品。秦始皇陵及兵马俑坑被誉为"世界第八大奇迹"。兵马俑数量庞大，造型逼真，有军士俑、立射俑、跪射俑、武士俑、军吏俑、骑兵俑等不同身份的陶俑，不仅种类众多，而且装束、神态各异。兵马俑大部分是将陶土陶冶烧制而成的，同时，集雕塑、彩绘工艺于一身。陶器发展至唐代，从最初的单色釉或双色釉发展为三彩釉，史称唐三彩，北京故宫博物院馆藏唐三彩马如图1-7所示。唐三彩大马、骆驼等曾作为国礼，赠送给50多个国家的元首和政府首脑，是极其珍贵的艺术品，被誉为"东方艺术瑰宝"。中国是瓷器的故乡。瓷器是从陶器工艺发展演变而来的，质感更加细腻，外观华美。江西景德镇被称为"瓷都"。景德镇瓷器是中国瓷器的集大成者，其中的青花瓷更是中国瓷器的名片。唐朝中后期，大量瓷器、茶叶等经贸物资经由海上运往东南亚、非洲等地，形成继"丝绸之路"后的第二条"亚欧大陆桥"——"陶瓷之路"，为中国带来巨大的商业财富。

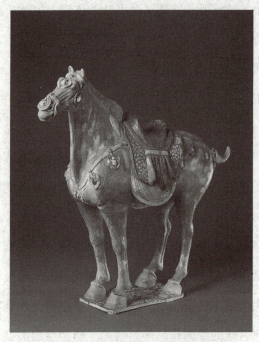

**图1-7　北京故宫博物院馆藏唐三彩马**

我国古代音乐有着十分悠久的历史，"昔葛天氏之乐，三人操牛尾，投足以歌八阕"（《吕氏春秋·纪·仲夏纪》）。进入奴隶社会后，宫廷乐《大夏》《大武》等大型乐舞出现，民间音乐更富有地方色彩，如《国风》《九歌》等。汉魏六朝时期的音乐主要有相和歌、鼓吹、清商歌三项。随后，音乐逐渐与舞蹈、乐器演奏相结合，后又相离，出现纯器乐合奏的音乐形式。琵琶、二胡、编钟（图1-8）、琴、瑟、箫、笛、埙、笙和鼓是中国古代十大乐器。中国古代音乐大致可以以宋代为时间点分成两个阶段，宋代以前多为歌伴舞，宋代以后多与戏曲曲艺交融。音乐发展至元、明、清三代，戏曲音乐极大丰富，乐器多种多样，弦琴拉奏和笛子等竹管乐器长足发展。关汉卿、马致远、郑光祖和白朴被称为"元曲四大家"。其中，关汉卿的作品《窦娥冤》在现代社会仍家喻户晓。近代以来，大量西方乐器涌入中国，极大地丰富了人们的娱乐生活。与此同时，舞蹈由富有宗教色彩的祈福行为发展为祭祀行为，至现代已发展成为一种艺术行为走进人们的生活。

提及我国古代建筑，不仅有万里长城的蜿蜒宏伟令人叹为观止，还有历朝古都的千年琉璃琳琅满目，宫殿建筑、宗教建筑、园林建筑风格迥异，特色鲜明，其上的雕刻、绘画融合的科学技术和风水文化体现了我国传统文化艺术浑然一体、互相交融的艺术风貌。《老子》有云："人法地，地法天，天法道，道法自然。"风水学将美学、地质、景观等诸

图1-8　编钟

多科学融为一体沿用至今，既是一种独特的认知自然角度，同时也表达了人们安居乐业的美好愿望。崇圣寺三塔如图1-9所示。

图1-9　崇圣寺三塔

　　中国古代文化艺术的各种门类之间相互渗透，互相影响，密不可分。绘画中有书法，戏曲中有歌赋，建筑上有绘画，讲究气韵生动、构建和谐，儒家文化中的"中和"之美表现得淋漓尽致。所以，也可以说，中国传统艺术境界中暗含着中国传统文化精神"和"的要义。

　　五是古代科技文化。按现代的科学分类方法来看，我国古代科技文化在农业、医学、天文学和数学等方面都取得了杰出的成就。因其皆以实用为目的，故具有起步早、传播广和实践先行、理论滞后的特点。四大发明可谓是我国古代科技的代表性成果，每一种发明都象征着我国古代科技在相应领域的杰出成就。如果说语言的形成是一种文化的开端，那么文字就是文明的一种载体，我国古代的伟大发明造纸术就是传播文化、传承文明的"交通工具"，印刷术就是"催化剂"，这在我国乃至世界文化传播过程中起到了历史性的巨大推动作用。

我国古代天文学成就卓越。在天文观测方面有世界上最全的天象记录，石氏星表是最早的星表之一，水运浑象仪是我国第一台天文仪器，是由张衡发明的（图1-10）。我国古代天文学的另一大贡献就是天文历法的编制，东汉末期乾象历问世，历法体系趋于成熟。我国传统节令二十四节气，依据太阳在黄道上的位置变化分为24个段落，与我国农业密切相关，是天文与物候、农业与气象的重要经验总结。

图1-10　张衡发明的水运浑象仪

从神农尝百草的传说，到《黄帝内经》的基础奠定，再到《本草纲目》的问世，中医文化是我国无数先人智慧的结晶，是我国传统文化中的瑰宝。东汉名医张仲景在《伤寒杂病论》中系统地总结了前人的治病经验，确立了四诊、八纲、脏腑、经络、三因、八法等基本理论；魏晋王叔和著《脉经》，是最早的脉学专著；《新修本草》是我国第一部政府颁布的药典；北宋王惟一铸铜人表穴位，创世界最早医学模型；南宋宋慈的《洗冤集录》是世界上第一部法医学专著；明代接种牛痘预防天花，是免疫学的开端……中国古代医学在世界医药学史上占有非常重要的地位，其独特的诊断方法和治疗方法——脉诊和针灸得到国内外医学重视。

我国古代数学的成就独树一帜。在商代以前，中国就开始使用"十进位值制"计数法，对世界科学和文化发展具有极大的推进作用。春秋时期，乘法口诀"九九歌"就已经出现，四则运算已经完备。《九章算术》是我国数学成就的重要代表，其中的"割圆术"求得圆周率为3.141 6，是当时世界上最精确的圆周率数据；《墨经》对古代几何学具有突出的贡献。虽然我国数学很早就开始研究，处于当时世界先列，但并未成为一门独立的科学，其研究结果更注重实用性，所以在后续发展中未能取得更高的成就。

**拓展阅读**

1. 茶马古道

茶马古道是指存在于中国西南地区，以马帮为主要交通工具的民间国际商贸通道。"因茶而盛，为马而生"，茶马古道讲述的是一段历史，更是一种文化精神。马帮文化在这里兴盛，在云南大地上繁衍传承。茶马古道的起点是易武镇，也是普洱茶的发源地。唐宋时期，汉、藏两族人民因地理因素而开展"茶马互市"互补性贸易往来。藏族地区将所产的骡马、药材等与内地所产的茶等物资通过茶马古道互通往来。"北有丝绸之路，南有茶马古道"，虽然现如今的茶马古道都已随历史渐失辉煌，但随着旅游业在云南地方的兴盛，越来越多的人来到这里，欣赏到的不仅仅有绝美的玉龙雪山等山川风貌，还有被茶马古道上所演绎出的人文风景所感染的震撼。茶马古道示意图如图 1-11 所示。

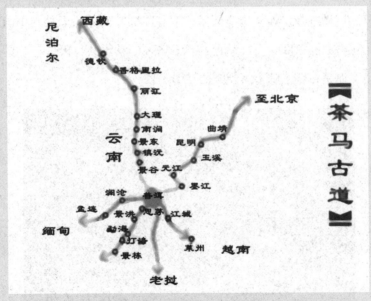

图 1-11　茶马古道示意图

**启迪**：当下的"一带一路"同古时的"茶马古道""丝绸之路"在历史上具有同样重要的意义，且"一带一路"是符合当代中国发展和世界大环境的重要举措，势必对中华民族的发展作出更加重大的贡献。

### 2. 宫殿建筑

宫殿建筑可谓是我国古代建筑中艺术价值的最高代表。其中,北京故宫(图1-12)是十分具有代表性的中国古建筑群,是著名的游览胜地。以中为贵的思想在中国古建筑的设计思想中影响深远,所谓"王者必居天下之中",故可见在历朝建都选址和宫殿格局中,主要宫殿都在中轴线上纵向布置,次要建筑分居两侧,对称设计,主次分明。宗教建筑是我国古代建筑的又一代表。佛教和道教传入我国较早。魏晋南北朝时期,佛教建筑多以塔庙为主。塔为中心,周围建设殿堂僧舍等。唐朝以后,形成以大雄宝殿为中心的佛寺结构。宋朝以后,佛教建筑的布局从以塔为中心向以佛殿为主体,沿南北轴线展开转变,"中正"思想鲜明。藏传佛教的寺院多建于山区,且装饰色彩浓烈。道教建筑因有"仙人好楼居"之说而被称为观,多建于名山之上。在中国传统建筑中还有一种重要的建筑形式——园林建筑,被称为是一种结合了时空的艺术。因为园林建筑充分地与自然结合,其景色随季节变换,虽占地面积有限,却通过虚实相生的设计手法,巧妙地将园外之境借进来。如"上有天堂,下有苏杭"的苏州园林在中国园林建筑中首屈一指;再如滕王阁素有"落霞与孤鹜齐飞,秋水共长天一色"的美景,并非阁中之境,而是在滕王阁上可观到赣江的美景。

图1-12 北京故宫

**启迪**:中华建筑这一植根于中华大地上,为后人所直观欣赏品读的传统文化,是不同历史时期文化的直观的综合展现,是历史智慧的结晶。当代大学生应从历史和文化的角度对古代建筑进行欣赏，才能更加品味出其中意味，而不应仅仅停留在"游玩风景"的层面上。

3.《念你们的名字（节选）》（中国台湾·张晓风）

什么是医生呢？孩子们，当一个生命在温湿柔韧的子宫中悄然成形时，你，是第一个宣布这神圣事实的人。当那蛮横的小东西在尝试转动时，你是第一个窥得他在另一个世界的心跳的人。当他陡然冲入这世界，是你的双掌接住那华丽的初啼。是你，用许多防疫针把成为正常的权利给了婴孩。是你，辛苦地拉动一个初生儿的船纤，让他开始自己的初航。当小孩半夜发烧时，你是那些母亲理直气壮打电话的对象。一个外科医生常像周公旦一样，是一个简单的午餐中三次放下食物走进急救室的人。有时候，也许你只需为病人擦一点红药水，开几颗阿司匹林；但也有时候，你必须为病人切开肌肤，拉开肋骨，拨开肺叶，将手术刀伸入一颗深藏在胸腔中的鲜红心脏；有的时候，你甚至必须忍受眼看血癌吞噬一个稚嫩无辜的孩童而束手无策的裂心之痛！一个出名的学者来见你的时候，可能只是一个脾气暴烈的牙痛病人；一个成功的企业家来见你的时候，可能只是一个气结的哮喘病人；一个伟大的政治家来见你的时候，也许什么都不是，他只剩下一口气，拖着一个中风后瘫痪的身体；挂号室里美丽的女明星，或者只是一个长期失眠、精神衰弱、有自杀倾向的患者……你陪同病人经过生命中最黯淡的时刻，你倾听垂死者最后的一声呼吸，探察他的最后一次心跳。你开列出生证明书，你在死亡证明书上签字，你的脸写在婴儿初闪的瞳仁中，也写在垂死者最后的凝望里。你陪同人类走过生老病死，你扮演的是一个怎样的角色啊！一个真正的医生怎能不是一个圣者？

**启迪**：从事医务行业者，要具有更高的道德水平和博爱的胸襟，将中华优秀传统文化上升为道德意识，并约束自己的行为，是每一位医务工作者必备的职业素养。

# 第三节　学习传统文化的方法与意义

"夫国学者，国家所以成立之源泉也。吾闻处竞争之世，徒恃国学固不足以立国矣，而吾未闻国学不兴而国能自立者也。吾闻有国亡而国学不亡者矣，而吾未闻国学先亡而国仍立者也。故今日国学之无人兴起，即将影响于国家之存灭，是不亦视前世为尤岌岌乎？"随着20世纪末我国政治、经济实力的不断增强，多数国民开始意识到文化危机，并开始大力宣扬传统文化，"国学热"随之兴起。2016年7月1日，习近平总书记在庆祝中国共产党成立95周年大会上，在党的十八大提出的"三个自信"基础上提出文化自信。习近平总书记指出，"文化自信，是更基础、更广泛、更深厚的自信。在5000多年文明发展中孕育的中华优秀传统文化，在党和人民伟大斗争中孕育的革命文化和社会主义先进文化，积淀着中华民族最深层的精神追求，代表着中华民族独特的精神标识。"作为当代的大学生，学习传统文化的方法有哪些，其意义又如何？

## 一、用辩证的思想继承传统文化

传统文化是在人类长期的社会活动实践中形成的，有值得当代人学习继承的宝贵精神和传统实践，但并不全部都是奉古至今的"真理"。在学习传统文化的过程中，我们要注意与时俱进，避免食古不化。许多理论并不适宜现代社会的发展，如儒家思想中的"尊长"、"亲亲"、压抑个性等思想，与当代社会发展思想不符，而其宽厚仁爱、重个人修养、虚心好学的思想仍值得我们不断学习和发扬。所以学习传统文化时，我们要用辩证的思想去其糟粕，取其精华。

## 二、多种方法学习传统文化

学习传统文化的方法有很多，文言文功底较好的同学可以选择阅读文学史集的原著，从中提出自己的认识和理解；或者可以借助网络学习，如微信公众号、优秀传统文化的慕课资源等；还可以通过实地旅游、实践操作等方式展开多样化的学习体验。我国传统文化涉及领域广泛，无论是理论文化还是实操文化，认真地参与其中，将其文化内涵渗透在自己的生活当中，帮助自己认识世界、体味生活、修身善为，用古有先贤的智慧指引人生，每个人都将在传统文化的海洋中自得其乐。

## 三、正确处理学习传统文化与吸纳外来文化的关系

随着经济全球化的脚步越来越重，世界经济形成巨大经济网，随着经济交流产生碰撞的文化，还有来自世界各国的不同文化。文化影响的是人类的精神世界，是一种无声的渗透，在潜移默化中影响着人类的思想和行动。随着我国人民文化意识的觉醒，盲目照搬西方文化在中国特色社会主义道路上必然是行不通的。现代社会，人们更加清醒而理智地对待外来文化。中华文明古老而精深，具有十分庞大的包容性，在坚持中国传统文化思想阵地的同时，适时、适当地吸纳西方进步文化，进而进一步发展中华文明，使中国的传统文化进一步得到传承的同时，被发扬和传播出去。

古人有云："夫以铜为镜，可以正衣冠，以古为镜，可以知兴替。"肯定传统文化，即是肯定历史。传统文化是国家发展的"根"，是民族根基深处的脉搏。它记载了中国古代的思想学说、文学艺术、科技创造、典章制度与历史文化的方方面面，将古代文明丰富多彩的创造成果汇合为一个有机整体。当代大学生通过学习传统文化，有助于自身建立理想和人格，同时，于国家、于民族而言，民族文化认同感是恢复我们的民族文化自信心和民族文化主体意识、提高民族的文化凝聚力、提升民族素养的重大举措，是实现中华民族文化发展的新辉煌的重要途径，是提升国家文化软实力的重要手段。

### 拓展阅读

关于学习传统文化的几个问答（选自全国首档中华文化国学广播节目《中华文化大讲堂》，有改动）。

1. 学习国学的心法与心态是什么？

中华传统文化是一个十分磅礴的文化体系，在学习的过程中人们要有循序渐进、持之以恒的心态，因为明理是需要时间的，能通过明理而修身外化为行为更是一个相对漫长的过程，所以学习传统文化不是一蹴而就的。对于大学时代的学生而言，除了课堂上的集中学习，利用课余时间慢慢修学、学以致用也是一种操作简便的学习形式。在学习国学经典的过程中，"万变不离其宗"是学习过程中的

显著规律，也就是说其中的道理都是相通、相近的，具有类似"举一反三"的效果，这十分有助于我们建立学习国学经典的信心。无论是什么样的方式进行学习，能够长期坚持都是十分重要的。

**启迪**：学习的持续动力源自内心深处的渴望和不懈的追求。学懂、弄通，并总结、发现规律是学习过程中不可缺少的有效方法。

2. 如何通过学习传统文化实现改变气质的效用？

学习国学和传统文化是一个长期和体悟的过程，最终达到"认识自我""改变自我"的目标。

如何实现"认识自我"呢？想要看清自己，必定先得追根溯源，回归经典。以经典为标准，聆听祖先的训诫，以此检视自己的言行，改过迁善。每一部经典都是我们对照自身的标准，都是我们不断修学、不断提升的阶梯。

我们从父母、祖先身上继承来的"孝敬父母""诚信待人""吃亏是福"这些朴实的美德，原本就在我们的血液里流淌。在物欲盛行的时代背景下，作为个人，要想抵御环境的干扰和影响，摆脱名利的束缚，更需要我们努力追寻先哲的脚步，坚定地奉行"孝、悌、忠、信、礼、义、廉、耻、仁爱、和平"的传统美德。

如何实现"改变自我"呢？以祖先的经验教训作为借鉴来对照自己的言行，寻找差距，改过迁善，修身养性，不断地提升自己的人生境界。"不积跬步，无以至千里""千里之行，始于足下"，每天坚持改一点，持之以恒地做下去，假以时日，个人气质与涵养必定会产生变化，个人修为必定会得以提升。

**启迪**：学习传统文化的目的不是像背书本一样记住其中所有的"知识点"，更重要的是保持一份健康平和的心态，慢慢地、持久地体悟传统文化中的人文精髓，"身体力行"地将优秀传统文化融为自身的修养，通过学习传统文化，能端正我们的德行和立场，改善和丰富精神世界，实现传统文化的传承和弘扬。

3. 如何影响身边的人共同学习传统文化？

一方面，可以将自己在学习和实践中得知的优秀文化学习途径推荐给身边有需要的朋友。注意要"己所不欲，勿施于人"，我们在推荐或介绍的过程中，一定要尊重别人的志向、情趣和爱好，稍加引导，请他尝试，切不可强迫。

另一方面，通过自己的言语和行动来影响他人。这与我们熟知的"上行下效""以身作则"是一个道理。我们自己做得好，就可以成为身边人的表率。

**启迪：**"修身齐家治国平天下"，我们的祖国正处于伟大复兴时期，我们每个人都是行走的"中国"名片。积极好学，乐学进智，以崇高的社会责任感，传承和弘扬中华优秀传统文化是当代大学生极富魅力的风貌。

## 学习与思考

1. 请联系生活实际，谈谈当代大学生应如何提高自身的传统文化素养。
2. 请联系生活实际，谈谈传统文化在实际生活中的作用和影响。
3. 请为你心中的"中国传统文化"描绘一幅画像。

# 第二章　百家争鸣的思想文化

## 教学目标

1. 学习中国传统思想文化，主要是儒家文化、道家文化、墨家文化和法家文化。

2. 儒家文化的基本思想以及对后世的深远影响和历史地位。

3. 道家思想文化与法家思想文化的基本思想以及精神内涵。

## 重点难点

1. 重点："百家争鸣"局面出现的背景、历史意义；了解儒家思想、道家思想以及其他思想的形成。

2. 难点：充分认识儒家文化在现实生活中的作用和价值，认识其在世界文化史上的地位和对后世的深刻影响。

## 引　　文

追溯中华民族的思想源头，人们通常会想到中国历史上第一个思想大解放的时代——百花齐放、百家争鸣的春秋战国时期。春秋战国时期，是我国社会从奴隶制向封建制转变的过渡时期，这一时期，不仅是一场空前绝后的经济、政治、文化的大变革，还是一场思想领域的大繁荣，对后世的影响非常深远，被称为传统文化的"轴心时代"。

春秋末期，是我国古代社会大动荡、大变革的时期；这一时期既是战争频繁、民不聊生的乱世，也是产生光辉思想、绚烂文化的盛世，在中国历史上留下了浓墨重彩的一笔。在剧烈的社会变革中，各诸侯国的阶级关系不断出现新变化，这个时期出现了不同阶级与阶层的代表人物。这个时期的学术思想流派，西汉司马谈的《论六家要旨》将其分为六家：儒家、墨家、名家、法家、阴阳家、道家；《汉书·艺文志》则将诸子分为十家：儒家、墨家、名家、法家、阴阳家、道家、农家、纵横家、杂家和小说家。无论是六家还是十家，儒、道、墨、法四家学术思想都对传统文化产生了深远的影响。

# 第一节　先秦儒家思想

作为中国思想文化主干的儒、道、佛对古代士人与社会发展起着重要的影响。杨国荣在《善的历程：儒家价值体系研究》中提出，"如果把中国传统文化视为绵延不绝的历史长河，那么，其主流无疑是儒学。"儒家思想已经沉淀于中国社会的各个方面，它以"仁"为核心，强调明道弘毅，希望"修身""齐家"，进而达到"治国""平天下"。

## 一、先秦儒家

在《说文解字》中，"儒"解释为"柔也，术士之称"。《周礼·天官》也有这样的观点："儒以道得名。"《汉书·艺文志·诸子略》记载："儒家者流，盖出于司徒之官，助人君顺阴阳教化者也。游文于六经之中，留意于仁义之际，祖述尧舜，宪章文武，宗师仲尼，以重其言，于道最为高。"当代学者冯友兰在《中国哲学史》中对"儒"进行了新的诠释，他认为诸子百家均出自士人，儒家者流盖出于文士，墨家者流盖出于武士，道家者流盖出于隐者，名家者流盖出于辨者，阴阳家者流盖出于方士，法家者流盖出于法述之士。

先秦儒家主要有三位代表人物，即孔子、孟子、荀子，他们的思想观点为后世儒学的发展奠定了基础。他们三人在中国文化史上地位至尊，冯友兰在《中国哲学史》中，以苏格拉底拟孔子，柏拉图拟孟子，亚里士多德拟荀子。

## 二、孔子及其主要思想

孔子（公元前551—公元前479年），名丘，字仲尼，儒家学派的创始人，我国古代伟大的思想家、教育家。孔子的先人是宋国贵族，其曾祖父孔防叔因避宋国内乱到鲁国，父亲叔梁纥为鲁国陬邑大夫。因父亲早逝，孔子早年生活贫困，"少贫且贱，多能鄙视"。他自述，"我非生而知之者，好古敏以求之者也""十五志于学"。孔子20岁时，在鲁国担任委吏之职，之后改做乘田，都非常尽职尽责。孔子30岁时，开始收徒办私学，他兴办教育的本意，是要弘扬周礼文化，想通过继承和发扬正在没落的以周礼为代表的文化传统，从而影响政治，间接参政。公元前497年，孔子离开鲁国，行经卫国、曹国、宋国、齐国、郑国、晋国、陈国、楚国等地，开始了14年的周游列国的活动，其目的是推行自己的政治主张，强调统治者要以德治民，爱惜民力，取信于民，反对苛政和任意刑杀。孔子晚年又回到鲁国，整理古代文献和教育讲学。其弟子将其思想言行收集整理在《论语》中。孔子杏坛讲学如图2-1所示。

图2-1　孔子杏坛讲学图

 小贴士

> 　　孔子志学。孔子自称"十五志于学"，他求学范围很广。《史记·孔子世家》记载，"孔子为儿嬉戏，常陈俎豆，设礼容。"见老子，从师襄子鼓琴。《仲尼弟子列传》记载，"孔子之所严事：于周，则老子；于卫，蘧伯玉；于齐，晏平仲；于楚，老莱子；于鲁，孟公绰。数称臧文仲、柳下惠、铜鞮伯华、介山子然，孔子皆后之，不并世。"孔子所求之学，并非一般求名求利之学，而是"志于道，据于德"，是求道德的完善，寻求合理的人生态度和行事准则。

　　在孔子的思想中，"仁"是核心概念，"仁"的含义主要包括以下几个方面：

　　其一，克己复礼为"仁"，仁是带有政治目的的。"克己"是约束自己，克制自我的私欲；"礼"是贵贱、尊卑、长幼、亲疏有别的礼仪。孔子所谓的"礼"为周礼，即相传周公旦"制礼作乐"的《仪礼》，是西周的典章制度和礼仪规定，是维护等级制度、防止"僭越"行为的工具。如果人们都能够依礼行事、非礼不行，就会在不知不觉之间提升自己的人格，而成为一个"仁者"。"仁"是礼的精神支柱，礼是"仁"的政治目的。

《仪礼》是记录我国上古时代礼仪的一部重要典籍，与《周礼》《礼记》合称"三礼"。《仪礼》蕴含丰富的文化宝藏，为今天了解中国上古社会的民俗民风、政治经济、宗教文化、伦理道德、语言状况等保存了珍贵的历史资料，具有重要的文化价值。

其二，孝悌为仁之本。孝，父子关系，是子女孝敬父母；悌，兄弟关系，是弟对兄的敬爱和顺从。"孝悌"的要求非常符合人道的理念。子曰："弟子入则孝，出则弟，谨而信，泛爱众，而亲仁，行有余力，则以学文。"（《论语·学而》）在儒家看来，父母的养育之恩都不回报的人是不可能做到"仁"的，更不可能"泛爱众"。中国的社会组织是以血缘关系为基础，是在父子、夫妇、君臣之间的宗法原则上建立起来的，这种制度又称为"家国同构"。因此，孝悌观念受到历代儒者和统治者的尊崇，它要求人们忠于君主。所以，孔子认为，"其为人也孝弟，而好犯上者，鲜矣！""君子务本，本立而道生。孝弟也者，其为仁之本与！"梁漱溟认为，"孝弟实在是孔教唯一重要的提倡"。

其三，爱人为仁。真诚友善地关心他人的处境，进而帮助他人，成全他人，这就是仁爱。李零说，仁"就是拿人当人，首先是拿自己当人，其次是拿别人当人"。"拿自己当人"，是自尊自重；"拿别人当人"，则是推己及人。孔子认为仁者就是要将心比心，设身处地地为别人着想，也就是"己所不欲，勿施于人"；同时，还要使仁的美德保存于每一个独立的人，以仁爱精神充溢于人间，"夫仁者，己欲立而立人，己欲达而达人。"

其四，人的内在品质。在孔子看来，仁是人内在的美好品质。而"仁"的品质又表现在很多方面，"恭、宽、信、敏、惠。恭则不侮，宽则得众，信则人任焉，敏则有功，惠则足以使人"（《论语·阳货》）；"仁者必有勇"（《论语·宪问》）；同时，"巧言令色，鲜矣仁"（《论语·学而》）。花言巧语、专事谄媚的人是不仁的。正是因为"仁"具有为人庄重、待人宽厚、做人诚实、办事敏捷、待人慈惠等优秀的特质，所以要求人们自觉追求"修己""克己"，加强自身修养，从而达到"仁"的目的。

孔子所说的"仁"，又与"礼"紧密结合。他深处礼崩乐坏的时代，传统的社会秩序遭到破坏，他仍然向往"周礼"，自觉去维护社会等级。孔子充分强调礼的重要性："不学礼，无以立"（《季氏》）；"君子博学于文，约之以礼"（《雍也》）；"道之以德，齐之以礼"（《为政》）。这里所说的"礼"超出了本身的形式，实质是一种道德规范和行为准则，只有维护社会等级制度和社会秩序的才是符合"礼"的，否则都要加以摒弃，"非礼勿视，非礼勿听，非礼勿言，非礼勿动"（《颜渊》）。仁和礼的关系，是相辅相成的。仁是目的，礼是手段，只有符合礼，才能达到仁的目的。随着时代的变迁，后世儒家赋予其更多内涵，但是"仁"和"礼"的基本原则并没有改变。儒家"五常"如图 2-2 所示。

图 2-2　儒家"五常"

## 三、孟子及其主要思想

孟子（约公元前 372—公元前 289 年），名轲，战国时期邹国（今山东济宁邹城）人，我国古代思想家、教育家。孟子授业于子思，而子思是孔子的孙子，所以孟子以孔子的继承者自命之。他常说，"自民生以来，未有盛于孔子也""乃所愿，则学孔子也"（《孟子·公孙丑上》）。他与孔子一样，为实现自己的政治理想，曾周游列国，宣传他的"王道"和"仁政"思想，但是他的学说与当时的社会现状不相符合，无人采纳他的建议。晚年的孟子与弟子万章、公孙丑等著书立说，现存《孟子》七篇。孟子画像如图 2-3 所示。

图 2-3　孟子画像

 小贴士

**孟母断机教子的故事**

孟子少年读书时，开始也很不用功。有一天，孟子放学回家，孟母正坐在机前织布，她问儿子："《论语》的《学而》篇会背诵了吗？"孟子回答说："会背诵了。"孟母高兴地说："你背给我听听。"可是孟子总是翻来覆去地背诵这么一句话："子曰：'学而时习之，不亦说乎？'"孟母听了又生气又伤心，举起一把刀，"嘶"的一声，一下就把刚刚织好的布割断了，麻线纷纷落在地上。孟子看到母亲把辛辛苦苦才织好的布割断了，心里既害怕，又不明白其中的原因，忙问母亲出了什么事。孟母教训儿子说："学习就像织布一样，你不专心读书，就像断了的麻布，布断了再也接不起来了。学习如果不时时努力，常常温故而知新，就永远也学不到本领。"说到伤心处，孟母伤心地哭了起来。孟子很受触动，从此以后，他牢牢地记住母亲的话，起早贪黑，刻苦读书。孟母施教的这种做法，对于孟子的成长及其思想的发展影响极大。良好的环境使孟子很早就受到礼仪风习的熏陶，养成了诚实不欺的品德和坚韧刻苦的求学精神，为他以后致力于儒家思想的研究和发展打下了坚实而稳固的基础。

孟子的思想主要表现在以下几个方面：

其一，仁政学说。孟子呼吁统治者重视百姓，提出了"民为贵，君为轻，社稷次之"的民本思想，劝告诸侯"以德王天下"；他反对霸道，主张王道，他曾说："诸侯之宝三：土地，人民，政事。"（《孟子·梁惠王上》）孟子主张以道德服人之心，反对武力扩张，提出，"此所谓率土地而食人肉，罪不容于死。故善战者服上刑，连诸侯者次之，辟草莱、任土地者次之。"（《孟子·离娄上》）他的思想观点表达了鲜明的反战立场，彰显了对和平与王道的期盼；同时，他还认为"天时不如地利，地利不如人和"和"得道者多助，失道者寡助"。

其二，提出人性本善的观点。孟子认为，每个人本性里都有善的基因，或者说是原则，这些因素或原则，他称为"端"。他提出"四端"说，即"恻隐之心，仁之端也；羞恶之心，义之端也；辞让之心，礼之端也；是非之心，智之端也。"（《孟子·公孙丑上》）孟子认为人的仁、义、礼、智四德是生来就有的，是"我固有之"，所以他认为人生来就有怜悯同情心、羞耻憎恶之心、恭敬辞让之心和是非之心，并非"非外铄我也"。孟子从仁、义、礼、智四个道德角度对孔子的"仁"进行了解释和发展，他的"性善论"成为其仁政的哲学基础。

其三，提出"善养浩然之气"。孟子说："其为气也，至大至刚，以直养而无害，则塞于

天地之间。其为气也，配义与道，无是，馁也。"（《孟子·公孙丑上》）这种气，是表现于肉体活动或实际运动中的精神力量。他认为士人都应有一种顶天立地的大丈夫人格，"威武不能屈，贫贱不能移，富贵不能淫"正是这种"气"的体现。孟子还认为，人们要有忧患意识，应该"生于忧患，死于安乐"，同时，还要磨炼意志，"故天将降大任于是人也，必先苦其心志，劳其筋骨，饿其体肤，空乏其身，行拂乱其所为，所以动心忍性，曾益其所不能。"（《孟子·告子下》）只有充分发挥坚定的意志，才可能培养出至大至刚的独立于天地之间的"大丈夫"人格。孟子的上述思想，对培养浩然正气和民族气节发挥了极为重要的作用。

## 文天祥的民族气节

文天祥（1236—1283年），江西吉州庐陵（今属江西吉安）人，南宋末大臣，政治家、文学家，杰出的民族英雄和爱国诗人。宝祐四年（1256年）状元，官到右丞相兼枢密使，被派往元军的军营中谈判，被扣留，后脱险坚持抗元。祥兴元年（1278年），兵败被张弘范俘虏，在狱中坚持斗争三年多。受俘期间，元世祖以高官厚禄劝降，文天祥宁死不屈，从容赴义。他曾著有《过零丁洋》《文山诗集》《指南录》《指南后录》《正气歌》等。文天祥画像如图2-4所示。

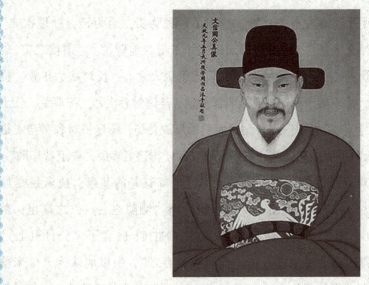

图2-4　文天祥画像

### 四、荀子及其主要思想

荀子（约公元前298—公元前238年），名况，字卿，战国末期赵国人。《史记》记载，他曾经多次出入齐国，周游于秦国、赵国，最后到了楚国，被任命为兰陵（今山东）令。曾经到齐国的稷下学宫讲学，任稷下学宫祭酒。荀子批判地继承了孔子的儒家思想，其思想具有综合性，吸收了其他诸子的思想长处，构建了自己的思想体系，他的思想集中在《荀子》一书中。荀子画像如图2-5所示。

图2-5　荀子画像

**锲而不舍的故事**

"锲而不舍"这则成语出自《荀子·劝学》："锲而舍之，朽木不折；锲而不舍，金石可镂。"荀子用镂刻金石来说明学习一定要持之以恒的道理。如果镂刻而不能坚持下去，就连朽木也不会被折断；但是如果一直坚持镂刻，就是金属、石头也会被镂穿。所以人们学习时一定要坚持不懈，只有这样才会取得成功。这个成语用来比喻恒心和毅力，坚持不懈、持之以恒。

荀子的思想主要表现在以下几个方面：

其一，提出"天人相分"的理论。荀子认为"天"有两层含义，一是宇宙间存在的天体和天体运行的规律，"天行有常，不为尧存，不为桀亡""天不为人之恶寒也辍冬，地不为人之恶辽远也辍广"（《荀子·天论》）；二是自然现象，"日月之有蚀，风雨之不时，怪星之常见。"（《荀子·天论》）荀子还原了自然之天的本来面貌，看到了天的运行与人间事物变迁的不一致，在"明于天人之分"的前提下，提出了"制天命而用之"的思想理念，即人要顺应天道为人类造福，这反映了荀子时代生产力与人类力量的发展。

其二，提出人性本恶的观点。与孟子的人性本善相反，荀子认为人性本恶。他认为："人之性恶，其善者伪也。"（《荀子·性恶》）即人的本性是"恶"的，"性"是自然赋予的，人生来就好利、嫉妒，喜声色，这些是人的自然本质；"伪"，就是人为，人之所以有"善"，就是人为的结果，主张"师法之化，礼义之道"去"化性起伪"，礼义是人们通过学习和作为得到的，所以礼义出自人为，而非出自天性。虽然荀子与孟子的人性理论有很大的差别，但是他们的共同之处都在于人们可以通过后天的学习来加强道德的修养，也就是"道德"是可教的，这样才能成为"君子"乃至"圣人"。

其三，主张礼法并重的思想。孔子提倡以"周礼"来治国，礼治成为儒家重要的政治主张。荀子认为，人的本性是恶的，有着各种各样的欲望，如果不加以克制，就会产生争夺、犯上、淫乱等行为，因此，要制定"礼义"和"法度"，主张"隆礼重法"。他认为礼是法的根据和基础，法是礼的体现和确认，强调礼在为人、做事、治国方面的作用。荀子的礼法思想继承了传统的礼治思想，又具有法家法治思想的因素。他的弟子韩非、李斯发展了他的政治思想，成为法家的代表人物。

## 五、儒家思想的深远影响

儒家思想是中国文化的核心，对中国文化的影响是全面和深刻的，它贯穿于中国社会的各个阶层，构成了传统文化的主要内容，构建了一套家国、社会、自然与人生的学问。儒家典籍《诗》《书》《礼》《易》《春秋》等经书，是中国传统思想文化最集中、最重要的文献资料，是了解古人精神世界的重要途径。儒家思想彰显了"仁爱""和谐"等价值理念。

首先，在道义和功利的关系上，道义先于功利。先秦儒家在"义"和"利"的关系上，主张以"义"为主。孔子说"君子喻于义，小人喻于利"（《论语·里仁》），可以看出，义和利是区分君子和小人的界限；同时，孔子还强调道义的重要性，"君子义以为质"

（《论语·卫灵公》）、"君子义以为上"（《论语·阳货》），突出了道义原则是一种内在的价值。孟子继承了孔子的思想，认为"义"是"人之正路"（《孟子·滕文公下》），甚至可以"舍生而取义"（《孟子·告子上》），"王何必曰利"（孟子·梁惠王上）。在他看来，义和利发生冲突时，道德具有更重要的价值。儒家提倡重义轻利、见义勇为、舍生取义，这种价值观念有助于遏制社会上出现的唯利是图、自私自利的恶劣风气，对于树立社会正气具有非常重要的现实意义。

其次，在个人和群体的关系上，群体先于个体。人生活在一定的群体中，具有社会的属性；同时，又扮演不同的社会角色。儒家重视"群"的存在，孔子认为，"鸟兽不可与同群"，荀子也认为，"人能群，彼不能群也"（《荀子·王制》）。人是不能孤立存在于社会中的，只有在真正的人群中，才能成为真正的人；个人与群体是紧密联系的，个人的价值体现在群体的价值之中。儒家以群体为重的价值观，强调个人价值和利益对群体价值和利益的服从，但是在二者发生冲突时，个人、家庭等"小我"的利益应该无条件地服从社会、国家等"大我"的利益。

最后，在和谐和冲突的关系上，和谐先于冲突。儒家主张和谐，孔子认为"礼之用，和为贵"，用"礼"来规范个人行为，形成人与人之间的"和"，以此创造整个社会的和谐，达到"天下归仁"的最终目标；与"和"相对立的是冲突、斗争，这两种行为会破坏社会和谐，扰乱社会秩序，"争则乱，乱则穷"（《荀子·富国》）；孔子明确提出反对武力征伐，提出"远人不服，则修文德以来之"（《论语·季氏将伐颛臾》）。儒家的这种价值取向使得中华民族成为一个爱好和平、谦让温和的民族，以此屹立于世界民族之林。

## 六、儒家思想文化对当代大学生的教育意义

儒家思想是人类历史上最丰富、最悠久的理论体系之一，作为中国古代文化的主流意识，儒家思想对中国、东亚乃至全世界都产生过深远的影响。当代大学生作为社会发展的年轻力量，是有机会能够更直接、更全面地了解儒家思想文化的群体。

儒家思想文化重视人的德性品格，重视自觉修养和意志锻炼，同时强调"道之以德，齐之以礼"，注重用道德礼俗实现对社会秩序的维护，反对以刑罚暴力管理社会，对外则强调"以德服人"，反对"以力服人"。这些都突显了儒家思想文化特别重视道德文明的特

色。儒家强调的仁爱，不仅仅体现在人与人的关系、人与社会的关系上，同样也体现在人与自然的关系上。儒家思想提倡通过自我修养及学习，使自己成为仁慈的、诚实的、勇敢的和坚定的人。儒家所倡导的这些思想，对当代大学生的德育教育有着积极的作用，能改善少数大学生对他人、对社会的麻木心态，唤起关爱他人与社会的意识，促使大学生形成健康、积极的人生观。

儒家思想所倡导的自我修养，同样需要在人与人的关系、人与社会的关系以及人与自然的关系中得到实施。儒家在处理人际关系上，主张"谦恭礼让"和"严己宽人"，通过自律来实现人际关系的和谐，这对当代大学生具有十分现实的教育意义。通过学习传统文化，能够切实、有效地培养他们宽容的心态、包容的胸怀以及对自我的反省，这对大学生的成长发展必然起到事半功倍的效果。

儒家思想文化强调群体利益高于个体利益。群体利益是公，个人利益是私。因此，关心天下事自古以来一直是中华民族发自内心的责任，成为一种忧国忧民的情怀，所以有"以天下为己任""以天下名教是非为己任""先天下之忧而忧，后天下之乐而乐""家事国事天下事事事关心""天下兴亡，匹夫有责"。这种"天下""家国"的观念，是超越家庭、地方而把国家整体事务视为己任的文化思想根源。通过对儒家思想文化里爱国精神的深入了解，当代大学生能够用心体会古人"以天下为己任"的爱国情怀，进一步增强爱国意识。

 小贴士

### 范仲淹的"三光"风范

范仲淹忧国忧民，不图个人荣华富贵。从27岁进士及第到55岁主持新政，在漫长的官宦生涯中，范仲淹关心政治，每遇国家大事，总是慷慨直言。由于他直言敢为，曾在八九年间里三次被贬：1029年，范仲淹因谏言太后还政，第一次被贬；接着又在废郭皇后上，第二次被贬；1035年，范仲淹上《百官图》，第三次被贬。在这几次事件中，范仲淹都是重要的策动者，尤其后两次，成为影响庆历士风构建的两个重要事件，获得了北宋士人的人格认同。据丁传靖《宋人轶事汇编》记载，范仲淹三次被贬，每贬一次，时人称"光"（光耀）一次，第一次称为"极光"，第二次称为"愈光"，第三次称为"尤光"。范仲淹画像如图2-6所示。

图2-6 范仲淹画像

儒家文化传承至今，我们一定秉持取其精华、弃其糟粕的原则。除了解儒家思想文化的理论价值之外，大学生应更多地将其与现实生活紧密融合，以此来修养自我的身心，逐步完善自我，为更好地服务社会、实现自身价值而不懈努力。

# 第二节　道家思想

道家是春秋战国时期最重要的思想流派之一，在中国传统文化中，居于十分重要的地位。道家提倡道法自然、清静无为，倡导人与自然和谐相处，追求"无己""无功""无名"的逍遥境界，其深邃的哲学思想成为后代思想家的重要资源。

庄子和老子是中国先秦时期道家思想学说的代表人物，其思想是道家学说的核心和精髓，"老庄哲学"既是指老子和庄子的哲学思想，也是道家学派的代名词。

## 一、老子及其主要思想

老子（约公元前571—公元前471年），姓李，名耳，字伯阳，又称老聃，楚国苦县厉乡曲仁里（今河南鹿邑）人，道家学派的创始人。曾长期担任春秋末期周王朝掌管典籍的史官，精通典章礼制，《史记·老子韩非列传》记载孔子"问礼于老子"，后弃官隐遁，不知所终。老子总结了历代王朝兴衰以及百姓安危祸福的经验教训，倡导自然无为，其思想集中在《老子》一书中，这部著作 5000 余字，思想博大精深。老子画像如图 2-7 所示。

图 2-7　老子画像

### 上善若水

"上善若水"是一个成语，语出《老子》："上善若水，水善利万物而不争，处众人之所恶，故几于道。"指的是：至高的品性像水一样，泽被万物而不争名利，不与世人一般见识，不与世人争一时之长短，做到至柔却能容天下的胸襟和气度。在道家学说里，水为至善至柔；水性绵绵密密，微则无声，巨则汹涌；与人无争却又容纳万物。水有滋养万物的德行，它使万物得到它的利益，而不与万物发生矛盾、冲突；人生之道，莫过于此。

老子的思想主要表现在以下几个方面：

其一，"道"是万物的根源。《老子》全书八十一章，"道"字出现七十余次，"道"是老子哲学思想的最高范畴，它的深刻含义是"道生万物"，即"道"是世界万事万物的根本，正所谓"道生一，一生二，二生三，三生万物。"（《老子·四十二章》）其中，这里的"一"是阴阳未分之前，宇宙混沌一体；"二"是宇宙部分为阴阳；"三"是阴、阳、和；所谓"三生万物"，是通过阴阳对立生成新的统一体。老子认为，"一"并不是事物的本原，它是由"道"产生的，"道"比"一"更根本。

其二，"道"是人类社会和天地万物的基本规律。老子认为："人法地，地法天，天法道，道法自然。"（《老子·二十五章》）这句话的意思是说，人依赖于地而生存，而地的活力依靠天的施与，天的广大又要靠"道"（即物质）来生成，而"道"又是自然的造化。老子把"道"作为天、地、人的共同法则，强调一切要合乎自然，顺从万物的自然本性，不要恣意妄为，扭曲了事物的本性。"反者道之动"（《老子·四十章》）这句话的意思是说，任何一种事物向相反的方向发展，是其自然规律在起作用。例如，一个人由少年的弱小到成年的壮大，再由成年的壮大到老年的衰弱，这些都是自然规律。

其三，朴素的辩证法思想。老子思想的另一个重大贡献是朴素的辩证法。他认为事物都有正反两个方面，它们之间是相互依存，相辅相成的，"故有无相生，难易相成，长短相形，高下相倾，音声相和，前后相随。"（《老子·二章》）同时，对立面是可以相互转化的。"祸兮，福之所倚；福兮，祸之所伏。孰知其极？其无正也。正复为奇，善复为妖。"（《老子·五十八章》）正所谓"正言若反""大巧若拙""大盈若虚"，以此来说明事物的"正"和"反"是相互依存并且可以互相转化的。老子还强调事物发展和变化中量的积累，量变可以引起质变。"合抱之木，生于毫末；九层之台，起于累土；千里之行，始于足下"（《老子·六十四章》），"图难于其易，为大于其细。天下难事，必作于易；天下大事，必作于细"（《老子·六十三章》）。这些都是讲事物的量变，但是又涉及了量变到一定程度便会发生质变的思想。

其四，提出"无为而治"的政治主张。老子政治思想的核心是"无为"，即无为而治。无为并非不作为，而是以"无为"求得"无不为"。"无为"，即顺其自然，不任意妄为，这样才能收到良好的效果。就治国而言，老子也主张无为而治，认为"治大国若烹小鲜"，治国者的最高境界是"下知有之"（《老子·八十章》）。同时，也表达了对理想社会的向往，"小国寡民。使有什伯之器而不用；使民重死而不远徙；虽有舟舆，无所乘之；虽有甲兵，无所陈之。使民复结绳而用之。甘其食，美其服，安其居，乐其俗，邻国相望，鸡犬之声相闻，民至老死不相往来。"（《老子·小国寡民》）这是老子描绘的社会状况：国家不大，物质丰富，生活安定，社会稳定，民风古朴。这是一种理想的社会，它是违背社会历史发展规律的空想，是不可能实现的，但是作为一种美好的愿望，这又是崇尚"自然"的体现，对后世产生了深远的影响。

## 二、庄子及其主要思想

庄子（约公元前369—公元前286年），名周，战国时期宋国蒙（主要流传说法为今河南商丘东北）人。庄子是继老子之后的又一位道家重要的代表人物。庄子曾经是管理漆树园的小吏，生活非常贫苦，住在陋巷之中，靠编织草席为生，曾拒绝楚威王的相位之请，后隐居不出，终身不仕。庄子才华横溢，鄙视富贵，愤世嫉俗，对当时的统治者表示了坚决不合作的态度和对社会现实的强烈批判。庄子画像如图2-8所示。

图2-8　庄子画像

《庄子》现存三十三篇，其中，内篇七篇为庄子自作，外篇十五篇和杂篇十一篇被认为是其后学者所作。庄子在哲学和文学领域对后世产生了深远的影响。庄子的思想主要表现在以下几个方面：

其一，主张绝对的精神自由。庄子认为，人之所以有许多苦恼和不自由，是因为现实中的一切事物都是"有待""有己"。"有待"是指人的某种愿望和要求的实现，需要一定的外在条件，这些条件往往成为对人"自由"的束缚；"有己"是指人总是有自我意识，以此来区分是非、苦乐、计较得失，从而引起苦闷，使心灵不自由。人要想从社会道德、功名利禄等束缚的东西中解脱出来，做到没有痛苦，实现真正的自由，就必须做到无待、无己，也就是达到"至人无己，神人无功，圣人无名"的境界，这就是所谓的"逍遥游"："乘云气，骑日月，而游乎四海之外"（《庄子·齐物论》），可以看出，这是一种"独与天地精神往来"的精神世界。

其二，批判的现实主义精神。庄子从自然的角度，对当时的社会进行了强烈的批判。他认为，"彼窃钩者诛，窃国者为诸侯，诸侯之门而仁义存焉"，把矛头指向了当时的统治者和所谓的仁义学说。同时，他主张要通过养生和游世来保性，其社会理想是回到"同与禽兽居"的"至德"之世,其核心是顺应自然。

其三,主张治国以道。庄子继承并发展了老子的思想,推崇"无为而治",认为君主应当效法天道,"无为而尊"。《庄子·天地》:"何谓道?有天道,有人道。无为而尊者,天道也;有为而累者,人道也。主者,天道也;臣者,人道也。天道之与人道也,相去远矣,不可不察也。"庄子反对治天下,主张"在宥天下","在宥",《庄子今注今译》将其理解为"自在宽容",即不干涉民生,与民休息。西汉初年的"无为而治""清静无为"就是很好的体现。

---

**庄周梦蝶**

庄周梦蝶,典出《庄子·齐物论》:"昔者庄周梦为胡蝶,栩栩然胡蝶也。自喻适志与!不知周也。俄然觉,则蘧蘧然周也。不知周之梦为胡蝶与?胡蝶之梦为周与?周与胡蝶则必有分矣。此之谓物化。"大意是:庄子有一天做梦,梦见自己变成了蝴蝶,梦醒之后发现自己还是庄子,他不知道自己到底是梦到庄子的蝴蝶呢,还是梦到蝴蝶的庄子。庄子认为醒是一种境界,梦是另一种境界,二者是不相同的;庄周是庄周,蝴蝶是蝴蝶,二者也是不相同的。在庄子看来,他们都只是一种现象,是运动中的一种形态,一个阶段而已。

---

庄子还以旷达的心态坦然面对死亡,认为人生于自然,死也出于自然,人应该以平常心对待生死。庄子的妻子去世,他"箕踞鼓盆而歌"。在妻子丧礼上鼓盆放歌,看似不近情理,不懂世故;他认为我们每个人都处在天道之中,生和死是相互辩证的关系,不必因为生而欢喜,也不必为死感到忧伤,只是顺应天道而已。庄子将要去世,欲"以天地为棺椁,以日月为连璧、星辰为珠玑"(《庄子·不葬》),这是庄子追求超然生死,追求"逍遥游"精神世界的绝妙写照。

## 三、道家思想对中国传统文化的影响

道家思想对中国传统文化的影响是深远的,如果说儒家是"达则兼济天下",那么道家就是"穷则独善其身";道家思想对儒家正统思想做了有益的补充,其影响是全方位的。

道家以"道"为世界和宇宙的本原,"道"是普遍存在的,也是生生不息的,世间的各种运动和变化都可以用"道"来解释,这样的"道"对中国人产生深远的影响。同时,在人与自然的关系上，道家强调"齐万物""齐物我"，讲究人与自然的和谐共处。自然界本身是自然的，人为的破坏是违背自然法则的，这是与道家的思想背道而驰的。人们受道家思想的影响，在人与自然的关系上，更多地强调适应自然、保护自然，而不是改造和征服自然。

儒家思想重视个人伦理道德的修养，把修身作为齐家、治国、平天下的基础和前提，进而实现自己的政治理想，穷其一生地去追求、去践行；道家思想强调的是顺应自然的养生之道，逍遥自在，讲究生活中的清心寡欲、为而不争。封建社会中的一些优秀知识分子，受道家思想的影响，隐居山林，躬耕陇亩；对于那些受到挫折的封建士大夫而言，道家思想的淡泊荣辱、轻视生死的理念，对他们起到了调适心态和释放压力的作用，也为他们提供了安身立命的精神家园，这也为积极入世的儒家思想提供了重要的，也是必要的补充。

道家思想对中国古代文学产生了深远的影响。道家提倡的精神自由和隐居田园、寄情山水的人生取向，在文学作品中都有体现。刘安在《淮南子》中，主张重"自然""白玉不琢，美珠不文"；司徒空在《二十四诗品》中，有典雅、自然、含蓄、飘逸、旷达等创作手法；陶渊明在《饮酒》中，有"采菊东篱下，悠然见南山"，诗中用平静朴素的语言将归隐的悠然自得之情、田居的怡然之乐，跃然纸上；王维的《竹里馆》，"独坐幽篁里，弹琴复长啸。深林人不知，明月来相照"，诗歌写出了弹琴长啸闲适的生活，体现出诗人高雅闲淡、超尘拔俗的气质；王维的《鹿柴》，"空山不见人，但闻人语响。返景入深林，复照青苔上"，体现了诗人宁静的心境和淡泊的志趣，表现的是对超现实理想世界的追求和憧憬。

# 第三节　墨家思想

墨子创立的墨家思想在战国时期曾兴盛一时，与儒家并称"显学"。儒、墨两家思想观点不同，相互辩驳，揭开了先秦百家争鸣的第一幕。

## 一、墨子及其主要思想

墨子（约公元前468—公元前376），名翟，战国时期宋国人。墨子是世界历史上第一位反映下层劳动人民利益的平民思想家，也是世界历史上创建反战理论和防御战略的军事家。墨子画像如图2-9所示。

图2-9　墨子画像

### 墨子染丝与做人的故事

墨子儿时就接受了儒家思想文化的教育。老师教授他六艺——礼、乐、射、御、书、数，而墨子对后四项尤其感兴趣。因此，老师着重培养墨子这几方面的能力。他经常带墨子去参观工匠们的作坊，墨子对工匠们的劳作很感兴趣，当他看得聚精会神时，老师说："看到了吧，这些丝绢本来是雪白的，把它们放进黑色的染料中，就变成黑色的，把它们放在黄色的染料中，就变成了黄色的。"墨子说："丝会跟着染料的颜色来变化，是这样吗？"老师说："是啊，做人的道理和染丝一模一样；所不同的是，丝是被人放进染料的，如何做人则完全是自己作出的选择。"墨子明白了老师的意思，在以后的学习中，更加严格要求自己。后来，他也经常用这个例子来教导自己的学生。

战国时期，诸侯争霸局面更加惨烈，政治更加黑暗，人民生活痛苦，面对此种状况，墨子四处奔走，大声呼号，提出了著名的主张，如兼爱、非攻、尚贤、节用、节葬、天志、明鬼等。墨子的思想主要表现在以下几个方面：

其一，兼爱的伦理思想。墨子认为当时社会上存在"国之与国之相攻，家之与家之相篡，人之与人之相贼，君臣不惠忠，父子不慈孝，兄弟不和调"（《墨子·兼爱中》）的现象，原因在于人们"不相爱"，"交相亏贼"，只顾自己，自私自利。那么，解决问题的办法是："以兼相爱，交相利之法易之"。所谓"兼"，是相互彼此的意思，即不分人我，"视人之国若视其国，视人之家若视其家，视人之身若视其身"（《墨子·兼爱中》）。墨家讲"兼爱"是"爱无差等"（《墨子·滕文公上》），就是不分亲疏、贵贱、等级、差别，一视同仁的爱，这是对宗法道德和等级制度的一种否定和突破。从理论上说，人人平等，相亲相爱，互相团结，亲如兄弟，四海一家，天下大同，这是全人类的共同追求。墨家讲的兼爱，与物质利益相联系。墨子说："仁人之事者，必务求兴天下之利，除天下之害，将以为法乎天下，利人乎即为，不利人乎即止。"（《墨子·非乐上》）兼爱的目标，是"万民和，国家富，财用足，百姓皆得暖衣饱食，便宁无忧"（《墨子·天志》）。

墨家讲相爱，强调互相的义务，"夫爱人者，人必从而爱之；利人者，人必从而利之；恶人者，人必从而恶之；害人者，人必从而害之"（《墨子·兼爱中》）；儒家讲相爱，虽强调推己及人，但是主要从主体修养的角度要求人们尽义务，并借以完善自己的人格；这些反映出儒家思想的重义轻利，而墨家思想则是义利并举。但是当时的社会现实是强调宗法观念，墨家的兼爱思想有些理想化的成分，如何实现这种追求呢，正确的做法是以兼爱引导仁爱，以仁爱实行兼爱。

其二，非攻救弱的政治思想。面对战争频繁的社会状况，墨子厌恶诸侯混战，反对战争，主张"非攻"。他历数攻伐战争的危害，指出："好攻伐之国"，动辄兴兵"十万"，连年战争，弄得"农夫不暇其稼，妇人不暇纺绩，则国家失卒，而百姓易务也"。墨家不但在理论上反对战争，甚至研究守城之法，研制出防御战争的器械，《墨子·公赢》和《吕氏春秋·爱类》中都有记载。公元前440年，墨子听说楚国要攻打宋国，他日夜兼程，赶到了楚国首都郢，找到了当时为楚国制造云梯的公输盘，他说："宋何罪之有？荆国有余于地而不足于民，杀所不足而争所有余，不可谓智。宋无罪而攻之，不可谓仁。知而不争，不可谓忠。争而不得，不可谓强。义不杀少而杀众，不可谓知类。"后来，墨子又说服楚王，制止了一场战争。墨子坚决反对攻伐他人之国的战争，以此来消除"民之三患"，使"饥者得食，寒者得衣，劳者得息"，这反映了对人民的深切同情。

其三，节用、节葬的经济思想。墨家认为天下大患表现在三个方面："饥者不得食，寒者不得衣，劳者不得息。"（《墨子·非乐上》），当时的社会状况是物质资料缺乏，民生凋敝，生产劳动是人类社会生存的基础，也是人类和其他动物的根本区别；只有节用、节葬，才能有更多的财富，以此来改善人民的生活。墨子认为，儒者"倍本弃事而安怠傲，贪于饮食，惰于作务"（《墨子·非儒》），这样会使人们"陷于饥寒，危于冻馁"。"凡五谷者，民之所仰也，君子所以为养也。故民无仰，则君无养；民无食，则不可事。故食不可不务也，地不可不立也，用不可不节也。"（《墨子·七患》）由于受儒家思想的影响，当时的上层统治者流行"厚葬久丧"习俗，墨子把这种习俗看作是阻碍生产活动的行为，是奢靡浪费之举，长此以往，"国家必贫，人民必寡，刑政必乱"。

## 二、墨家思想对中国传统文化的影响

以墨子为代表的墨家思想，以"兴天下之利，除天下之害"为宗旨，充分体现以救世济民为己任，为平民利益而奔波；其中，体现的学术思想对当今社会有着重要的现实意义。

墨家思想最有代表性的是"尚贤"的思想。墨子的尚贤理论最重要的内容就是反对"任人唯亲"，主张"任人唯贤"，这在中国历史上一直代表着正确的用人路线。毛泽东在《中国共产党在民族战争中的地位》中说："我们民族历史中从来就有两个对立的路线：一个是'任人唯贤'的路线，一个是'任人唯亲'的路线，前者是正派的路线，后者是不正派的路线。"这是对墨子提出的"任人唯贤"路线的充分肯定，也是我们今天应该继续坚持的组织路线。而墨家将举贤良放到中心的位置，摒弃了儒家等级观念的选人、用人标准，包含着一种朴素的民主平等思想，这是非常可贵的。

节用、节葬等思想是墨家思想的另一个集中体现。墨家认为生产劳动是人类社会生存的基础，也是人和动物的根本区别。动物是被动依赖自然资源以维持生命，人类必须通过生产劳动才能获得衣、食、住、行等生活资料。

对于节用，墨子不仅有深刻的理论论述，还身体力行，说到做到。墨子自称"量腹而食，度身而衣"，弟子自述在墨子门下穿"短褐之衣"，吃"藜藿之羹"（《鲁问》）。墨子提出的节用、节葬等系列主张，其基本出发点和根本原因，正是从物质生产劳动的因素考虑的，这是合理的主张。勤俭节约，自古就是中华民族的传统美德。现在，我国还处于社会主义初级阶段，发扬墨家的节用思想有着积极的现实意义。

# 第四节　其他学派思想

春秋战国时期的诸子百家中，除儒家、道家、墨家三家之外，影响力较大的还有法家、兵家、阴阳家、名家、小说家、杂家、纵横家和农家等。这些流派的思想家面对当时的社会现状，都发表了有益于社会发展和进步的言论，其中的思想在今天仍然有着启示和借鉴意义。

## 一、法家思想

在春秋战国时期的"百家争鸣"中，最有影响的是儒、道、墨、法四家。在中国2000多年的传统社会里，儒家对人们的道德生活和精神生活影响最大；而对于政治生活，法家的影响最大。正所谓"阳儒阴法""外儒内法"。法家思想是中国历史上影响社会变革、推动历史前进强有力的一种思想，在富国强兵、维护稳定方面都表现出了实效性。

小贴士

### 《韩非子》简介

《韩非子》是战国时期思想家、法家韩非的著作总结。全书由五十五篇独立的论文编辑而成，里面的典故大都出自韩非，除个别文章外，篇名均表示该文主旨；强调以法治国，以利用人，对秦汉以后中国封建社会制度的建立产生了重大影响。该书在先秦诸子中具有独特道德风格，思想犀利，文字峭刻，逻辑严密，善用寓言，其寓言经整理后又编辑为各种寓言集，如《内外储说》《说林》《喻老》等。

法家强调以"法"治国，其基本思想正如史学家司马谈所说"不别亲疏，不殊贵贱，一断于法"，即法家不讲私情，不阿权贵，一切依"法"办事。在强调依法治国的总原则下，法家思想主要表现在以下几个方面：

其一，主张社会变革。商鞅认为，历史是不断变化的，不同的历史时期有不同的问题。他将历史分为三个阶段，"上世亲亲而爱私，中世上贤而说仁，下世贵贵而尊官"，这说的其实是从西周到战国之间的社会变化。商鞅这一理论的重要意义在于概括了历史的变化发展；同时，商鞅也反复强调："苟可以强国，不法其故；苟可以利民，不循其礼"（《商君书·更法》），"圣人不法古，不脩今。法古则后于时，脩今则塞于势。周不法商，夏不法虞，三代异势，而皆可以王。"（《商君书·开塞》）韩非则更进一步地发展了商鞅的主张，提出"时移而治不易者乱"。从这些具体的论述中可以看到，这种进步的历史观成为社会变革的理论依据，具有重要的意义。商鞅变法图如图2-10所示。

图2-10　商鞅变法图

其二，主张耕战思想。所谓的"耕战思想"就是一方面对内加强统治，大力发展农业，增加生产；另一方面，对外积极备战，重视军事。魏国的李悝提出"尽地力之教"，大力发展农业生产，此举不仅有效地保证了国家充足的税收，也对当时的封建关系起到了促进作用。商鞅还把农业提到了立国之本的高度，认为农业生产是国家富强的根本，只有发展农业，才能使国家"人多"，"人多"才能国富。韩非也同样主张耕战思想，提出"富国以农，距敌恃卒"（《韩非子·五蠹》）。他认为只要坚持耕战政策，就可以国富兵强，就具备天下统一的条件。总之，法家的耕战思想，对新兴的地主阶级建立和巩固政权，起了很大的促进作用。

其三，主张法治思想。法家思想的一个最显著的特点是特别强调法的作用，认为法是治国的不二选择，即以法治国，一切断于法。魏国的李悝在研究和总结各国法律的基础上，制定了一部法典，这部法典被后世称为《法经》，这是我国历史上第一部比较系统的封建法典。这部法典制定详细的法律并公布于众，它使社会上的每一个人知道自己应该遵循怎样的行为准则。商鞅认为法是治理国家的根本，只有实行法治，国家才能长治久安。法律非常重要，原因有三：一是因为法律能够定分止争。二是因为法律能够富国强兵。法是实行耕战政策的有力保障，为了保护耕战，必须依靠法律，用法律赏罚分明。三是因为法律还能够胜民。所谓"胜民"，是说法律能够有效地约束民众的行为，使民众服从。

## 二、兵家代表人物和著作

兵家是中国先秦至汉初在军事理论和实践活动方面的学派，是诸子百家之一。兵家的代表人物有春秋时期的孙武、司马穰苴，战国时期的孙膑、吴起、尉缭、公孙鞅、赵奢、白起，汉初的张良、韩信等。

春秋战国时期，诸侯之间战事频发，这一状况也间接地促进了人类智慧的发展，从而诞生和发展了极具中国特色的军事智慧。军事智谋的代表性人物是兵家，现今留存的兵家著作主要有《孙子兵法》《孙膑兵法》《吴子》《六韬》《三略》《尉缭子》等。这些著作内容虽有异同，但其中包含了丰富的思想和方法，对后世的影响是巨大的。

孙子（约公元前545—公元前470年），名武，春秋末期齐国人，约与孔子同时代。孙武既是高明的军事理论家，又是高超的军事指挥家。公元前532年，齐国内乱，孙子流亡到吴国结识伍子胥，在吴国潜心研究兵法，著《孙子兵法》（图2-11）。《孙子兵法》被誉为"千古奇书"，约6000字，包括计篇、作战篇、谋攻篇、形篇、势篇、虚实篇等十三篇，其中心思想是提出古代战争最普遍的规律，对战争战略和战术等问题做了系统精辟的论述，对当时战争经验和理论进行了全面总结。

图2-11 《孙子兵法》

孙膑，战国时期著名军事家，齐国人，齐国大将孙武的后代。相传曾与庞涓同师于鬼谷子，因庞涓妒忌其才能，被施以膑刑，故称孙膑。他在作战中运用避实击虚的原则，创造了著名的"围魏救赵"战法，为古往今来的兵家所效仿。《孙膑兵法》是其与弟子所作，这部著作继承了孙武的军事思想，并总结了战国中期以前的战争经验，给后世留下了宝贵的军事理论遗产。

### 围魏救赵

其后魏伐赵，赵急，请救于齐。齐威王欲将孙膑，膑辞谢曰："刑余之人不可。"于是乃以田忌为将，而孙子为师，居辎车中，坐为计谋。

田忌欲引兵之赵，孙子曰："夫解杂乱纷纠者不控卷，救斗者不搏撠，批亢捣虚，形格势禁，则自为解耳。今梁、赵相攻，轻兵锐卒必竭于外，老弱罢于内。君不若引兵疾走大梁，据其街路，冲其方虚，彼必释赵而自救。是我一举解赵之围而收弊于魏也。"田忌从之，魏果去邯郸，与齐战于桂陵，大破梁军。

——《史记·孙子吴起列传》

## 三、纵横家思想及其代表人物

纵横家是战国时期凭借雄辩之才从事政治外交活动的一个思想流派，是诸子百家之一，《汉书·艺文志·诸子略》将其列为"九流"之一。《韩非子》说："纵者，合众弱以攻一强也；横者，事一强以攻众弱也。"纵横家流派的创始人为鬼谷子，杰出的代表人物为苏代、姚贾、苏秦、张仪、公孙衍；他们以布衣之身游说诸侯，既可以退百万师，也可以解不测之危。

鬼谷子（约公元前400—公元前320年），王氏，名诩，一作王禅，是战国时代显赫人物，著名谋略家，纵横家的鼻祖，精通百家学问。因隐居云梦山鬼谷，故自称鬼谷先生。常入山静修，深谙自然之规律，后人称鬼谷子。其弟子庞涓、孙膑、商鞅、苏秦、张仪是春秋战国时期的风云人物。鬼谷子追求"智用于众人之所不能知，而能用于众人之所不能见"，讲究潜谋于无形，常胜于不争不费，集道家、兵家、纵横家学说于一身。他的主要作品有《鬼谷子》《本经阴符七术》《鬼谷子天髓灵文》，其著作被后世称为"旷世奇书"。

传说中的鬼谷子如图 2-12 所示。

图 2-12　传说中的鬼谷子

苏秦（约公元前 337—公元前 284 年），字季子，战国时期洛阳（周王室直属）人，是合纵派的代表，与张仪齐名的纵横家，苏秦曾以一己之力促成六国合纵，使强秦不敢出函谷关 15 年，又佩六国（齐、楚、燕、韩、赵、魏）相印，叱咤风云。后世敬仰其成就，以"苏秦背剑"来命名，十分形象，通俗易懂，取其纵横捭阖之意。

张仪（？—公元前 309 年），魏国贵族后裔，战国时期著名的政治家、外交家和谋略家，是连横派的代表。张仪曾与苏秦同师于鬼谷子，学习权谋纵横之术，饱读诗书，满腹韬略。张仪曾两次为秦国国相，亦曾两次为魏国国相。以"连横"之策，破苏秦"合纵"之约，他对秦统一中国起到了不可磨灭的重要作用。

## 四、农家思想及其代表人物

农家，是先秦在经济生活中注重农业生产的学派。吕思勉先生在其《先秦学术概论》中，把农家分为两派：一是言种树之事；二是关涉政治。《汉书·艺文志·诸子略》将农家列为"九流"之一，其称："农家者流，盖出于农稷之官。播百谷，劝耕桑，以足衣食，故八政一曰食，二曰货。孔子曰：'所重民食'，此其所长也。及鄙者为之，以为无所事圣王，欲使君臣并耕，悖上下之序。"

农家著作有《神农》二十篇，《野老》十七篇，《宰氏》十七篇，《董安国》十七篇，《尹都尉》十七篇，《赵氏》十七篇等，均已佚。

许行（约公元前 390—公元前 315 年），与孟子是同时代人，他依托远古神农氏之言来宣传其主张，是战国时代农家的代表人物。

### 五、杂家思想及其代表人物

杂家，与诸子百家并列，是战国末至汉初兼采各家之学的综合学派，具有其鲜明的特点。杂家的特点是"采儒墨之善，撮名法之要"。广义的杂家，顺阴阳之理，法天地之道，博采众长于一身，融会贯通于一点，是时代的大集成者，乃至华夏之道的大集成者。狭义的杂家是以治世为目的，采百家之精华融为一体，自成一家。

吕不韦（约公元前 292—公元前 235 年），战国末年秦相，门下有食客 3000 人，家童万人。他命食客编著《吕氏春秋》（图 2-13），有八览、六论、十二纪共 20 余万言，汇合了先秦各派学说，"兼儒墨，合名法"，故史称"杂家"。吕不韦的目的在于综合百家之长，总结历史经验教训，为以后的秦国统治提供长久的治国方略。《吕氏春秋》中尊崇道家，肯定老子顺应客观的思想。书中融合儒、墨、法、兵众家长处，形成了包括政治、经济、哲学、道德、军事各方面的理论体系，提出了"法天地""传言必察"等思想和适情节欲、运动达郁的健身之道，有着唯物主义因素；此外，书中还保存了很多的旧说传闻，在理论上和史料上都有很高的参考价值。

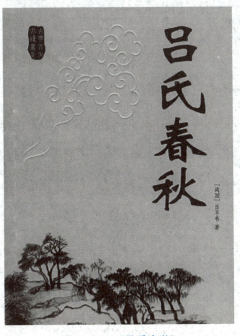

图 2-13 《吕氏春秋》

### 引婴投江

《吕氏春秋·察今》中记载："有过于江上者，见人方引婴儿而欲投之江中，婴儿啼。人问其故，曰：'此其父善游。'其父虽善游，其子岂遽善游哉？以此任物，亦必悖矣。"这个故事告诉人们这样的哲理：一是本领的获得要靠自己，而不能靠先天的遗传；二是处理事情要从实际出发，对象不同，处理的方法也要有所不同，也就是要遵循具体问题具体分析的原则。

本章主要论述的是先秦诸子在百家争鸣的大背景下，以儒、道、墨、法四家为主要的思想文化。他们的思想闪烁着智慧的光芒，以各自独到的见解在诸多领域开了先河，由此奠定了中国传统文化发展的基本格局。学术思想之间的交流与融合，推动了思想文化的发展，展现了中国文化的博大与包容。在学习和继承传统文化的过程中，我们要认真精读各种文化经典，还要学习兼容并包、融通百家的气魄，继承关注现实、经世致用的人文情怀。

### 拓展阅读

1.《孟子》（节选）

孟子见梁惠王。王曰："叟！不远千里而来，亦将有以利吾国乎？"孟子对曰："王何必曰利？亦有仁义而已矣。王曰：'何以利吾国？'大夫曰：'何以利吾家？'士庶人曰：'何以利吾身？'上下交征利而国危矣。万乘之国，弑其君者，必千乘之家；千乘之国，弑其君者，必百乘之家。万取千焉，千取百焉，不为不多矣。苟为后义而先利，不夺不餍。未有仁而遗其亲者也，未有义而后其君者也。王亦曰仁义而已矣，何必曰利？"（《梁惠王上》）

孟子曰："民为贵，社稷次之，君为轻。是故得乎丘民而为天子，得乎天子为诸侯，得乎诸侯为大夫。诸侯危社稷，则变置。牺牲既成，粢盛既洁，祭祀以

时，然而旱干水溢，则变置社稷。"（《孟子四章》）

**启迪：** 孟子思想中最重要的方面就是民本思想。一方面，顺应民意，约束专制权力，维护社会秩序，保持国家稳定；另一方面，加强文化认同，使百姓得到物质、政治、精神三个方面的满足。在经济上，推行惠民政策，在政治上，实行爱民、宽民，思想上教民、化民。中国古代的民本思想，能够在一定程度上起到缓和阶级矛盾、减轻人民负担的作用。今天，我们党所提倡的"以人为本"，坚持把人民的利益放到首位，体现了人民当家做主的地位。

2.《老子》（节选）

道可道，非常道；名可名，非常名。无名，天地之始；有名，万物之母。故常无欲，以观其妙；常有欲，以观其徼。此两者，同出而异名，同谓之玄，玄之又玄，众妙之门。（《第一章》）

上善若水。水善利万物而不争，处众人之所恶，故几于道。居善地，心善渊，与善仁，言善信，正善治，事善能，动善时。夫唯不争，故无尤。（《第八章》）

治大国，若烹小鲜。以道莅天下，其鬼不神。非其鬼不神，其神不伤人；非其神不伤人，圣人亦不伤人。夫两不相伤，故德交归焉。（《第六十章》）

**启迪：** 老子一个重要的哲学思想就是"唯物论"。先有物质存在就是"道"，后有意识产生就是"名"，这就是2000多年前老子提出的唯物论的观点，这与马克思主义的"物质第一性，意识第二性"的唯物论的观点是不谋而合的。认识的过程就是不断发展的过程，从感性认识到理性认识的过程，这是一个深刻的哲学思想，这也就是老子所说的"玄之又玄，众妙之门"的深刻内涵所在。

3. 《孙子兵法》（节选）

孙子曰：夫用兵之法，全国为上，破国次之；全军为上，破军次之；全旅为上，破旅次之；全卒为上，破卒次之；全伍为上，破伍次之。是故百战百胜，非善之善也；不战而屈人之兵，善之善者也。

故上兵伐谋，其次伐交，其次伐兵，其下攻城。攻城之法为不得已。修橹轒辒，具器械，三月而后成，距堙，又三月而后已。将不胜其忿而蚁附之，杀士三分之一而城不拔者，此攻之灾也。

故善用兵者，屈人之兵而非战也，拔人之城而非攻也，毁人之国而非久也，必以全争于天下。故兵不顿而利可全，此谋攻之法也。（《谋攻》）

**启迪**：孙武认为，战争的目的在于能"自保而全胜"，百战百胜很难做到，即使全胜，杀敌一万自损三千，己方也要受到很大损失，若运用谋略和外交手段取得胜利，即"不战而屈人之兵"才算上策。两国相争，最高的是斗谋略而使对方屈服，其次是通过外交斗争取胜，再次是交战而取胜，最下者是攻城取胜。所以，他说："上兵伐谋，其次伐交，其次伐兵，其下攻城。"孙子的这一战略思想，很值得我们借鉴和学习。

4. 《吕氏春秋》（节选）

孔子穷乎陈、蔡之间，黎羹不斟，七日不尝粒，昼寝。颜回索米，得而爨之。几熟，孔子望见颜回攫其甑中而食之。选间，食熟，谒孔子而进食，孔子佯为不见之。孔子起曰："今者梦见先君，食洁而后馈。"颜回对曰："不可。向者煤炱入甑中，弃食不祥，回攫而饭之。"孔子叹曰："所信者目也，而目犹不可信；所恃者心也，而心犹不足恃。弟子记之：知人固不易矣。"故知非难也，孔子之所以知人难也。

**启迪**：看问题要全面，要最大限度地把问题弄清楚，再做评论，正所谓"没有调查就没有发言权"；应该用怀疑的目光去观察，再用真实的东西来证明；既要敏其行，还要慎其言。

 学习与思考

1. 试叙述前秦儒家思想的主要观点，并分析儒家文化对现代社会的意义与影响。

2. 简述道家思想的主要观点，并阐述其在中国传统文化中的地位。

3. 法家思想在中国政治中的地位与影响。

4. 谈谈你对中国古代思想文化多元融合的理解。

# 第三章　底蕴深厚的教育文化

**教学目标**

1. 掌握古代教育的特点以及教育名家的思想。

2. 积累古代教育文化知识，提升学生的认知与理解。

3. 培养学生自主学习、独立探索的能力。

**重点难点**

1. 重点：培养学以致用、学思结合的能力。

2. 难点：理解古代教育在中国传统文化发展与传承中的作用。

**引　　文**

教育是人类文化传播的重要手段，为人才的发展奠定坚实的基础。《礼记·学记》中记载，"建国君民，教学为先"，充分揭示了教育的重要性；《说文解字》解释为"教，上所施下所效""育，养子使作善也"，概括起来，教育就是教诲培育的意思。中国的教育文化源远流长，其中包含的思想博大精深，先秦诸子百家的思想为中国古代教育的发展奠定了基础。

## 第一节　古代官学教育

中国几千年的教育制度，大体可以分为两种：一种是官学教育；另一种是私学教育。这两种教育长期并存，备受重视。商朝重视教育，设立的贵族学校，是中国最早官学的雏形。西周具有完备的学校体制，明确地划分出小学和大学两级学制。

## 一、古代官学发展概述

在《孟子·滕文公上》中记载："庠者，养也；校者，教也；序者，射也。夏曰校，殷曰序，周曰庠。"现在可以基本确定的是夏朝可能已经有了"庠""序""校"三种尚未发展为学校形式的非专门的教育机关。到了商代，除了"庠""序""校"，又有"瞽宗"这一新型的教育形式。习礼学武是这一时期学校教育的主要内容。

根据《礼记》（图3-1）和《周礼》等文献记载，西周初步具备了学制系统，官学分为国学和乡学两种，国学是中央官学，乡学是地方官学。西周的国学是专门为贵族子弟开设的学校，按照学生的年龄与学习情况，分为小学和大学两级，小学设在宫廷附近，大学设在近郊。根据《周礼》记载，西周官学的教育内容包括四个方面：三德、六行、六艺、六仪。其中，六艺是最基本的教学内容。

图3-1 礼记

对于西周的大学，"天子曰辟雍，诸侯曰泮宫。"（《礼记·王制》）辟雍最为尊贵，学校之间有明显的等级之分。天子所设大学有五种：一是辟雍（太学），位置居中，习射练武、举行盛典之所，由三公（太师、太保、太傅）负责。二是成均（南学），学乐之所，由大司乐负责。三是上庠（北学），学书之所，由诏书者负责。四是东序（东学），习舞之所，由乐师负责。五是瞽宗（西学），演礼之所，由礼官负责。

所谓"六艺"，指的是礼、乐、射、御、书、数。"礼"的主要内容是指在各种场合的礼仪礼节以及致礼、司礼的能力等；"乐"相当于综合艺术课程；"射"是射箭方面的技术；"御"是驾驶马车的技术；"书"指书写文字等方面的内容；"数"指计算、运算方面的知识和能力。总之，西周的教育更多体现的是文武兼备、知识与技能并举的教育。

西周的礼包括了整个宗法等级世袭制度、道德规范和生活中的礼仪礼节。"礼"是大学中最重要的课程，是"六艺"的核心。乐是综合艺术课，包括音乐、诗歌、舞蹈，是礼仪的重要组成部分。西周大学由大司乐主持乐教，以乐德、乐语、乐舞教育贵族子弟。所谓乐德，包括中和（言出自心、不刚不柔）、祗（zhī）庸（见神示敬、接事以礼）、孝友（孝顺父母、友爱兄弟）。所谓乐语，包括兴道（以物喻事、引古刺今）、讽诵（背熟文词、吟诵有韵）、言语（直叙己意、答人论难）。所谓乐舞，包括云门大卷（黄帝乐）、大咸（尧乐）、大磬（舜乐）、大夏（禹乐）、大镬（huò）（汤乐）、大武（武王乐）等六代乐舞，也称为"六乐"。

 小贴士

### 稷下学宫

稷下学宫（图3-2）是战国时期齐国的一所著名高等学府，因齐国君主在都城的稷门附近设立学宫而得名。稷下学宫历史悠久，它创办于公元前4世纪中叶，至公元前221年秦朝建立，历时150年。稷下学宫是战国时代养士之风走向制度化的产物，也是各学派展开思想论战的园地。它由官方主办，私家主持，是一所集自由讲学、著书立说、培养人才、咨政议政的高等学府，领导人员称"祭酒"。

图3-2　稷下学宫遗址

西汉，汉武帝时期国力发展强盛，官学的发展趋于完善，兴办太学，太学是当时最高学府。汉代官学受西周影响，也分为中央官学和地方官学两类。汉代的官学教育在"独尊儒术"的观念指导下，教学内容以儒家经典为主，教师由博士担任。魏晋南北朝时期，战乱频繁，官学制度受到严重冲击，处于半瘫痪状态。

西汉汉武帝时期，开始出现专门研究学问、传授知识的太学。太学以五经博士（汉平帝时，改为博士师）为教官，博士中的领袖叫博士仆射（东汉时，改称博士祭酒）。太学的学生称为"博士子弟"（东汉时，也称太学生或者诸生）；博士子弟是统治者选拔官吏的后备队，不限于贵族和官僚，平民子弟德、貌、才兼备者也可以被推荐入学。为博士官置弟子是汉武帝的创制，这一制度开创了中国古代教育制度的先河。汉代太学规模宏大，"劝学修礼"风气盛行。中央政府广开献书之路，收集民间书籍。东汉末年，把经过校正的经传，刻在石碑之上，立于太学门外，供天下学子学习。同时，文字整理工作也风行一时，关于文字的著述非常多，特别是许慎的《说文解字》，这部著作对后世的影响巨大，对文化的传播作出了重大贡献。

博士的称谓，在我国古代有几种含义。作为官名，最早出现在战国时期。许慎在《五经异义》中有记载："战国时，齐置博士之官。"据《汉书·百官公卿表上》记载："博士，秦官，掌通古今。"如秦博士伏生学问高深，尤精《尚书》。到了汉文帝时，年逾九十，尚能口授《尚书》二十八篇。西汉杰出的政治家、思想家、文学家贾谊，18岁能诵《诗》《书》，20岁精通诸子百家之言，被文帝召为博士。汉朝大儒董仲舒，从小勤奋读书，有"三年不窥（花）园"的美说，由于学识渊博，被景帝举为博士。

国子监是汉魏以后历代王朝的教育管理机构和最高学府。其前身叫国子寺，规定"讲习经典，岁时考试"。隋文帝初年大兴学校，正式设立国子寺为统一的教育行政管理机关，大业三年（607年），又改为国子监，下辖国子学、太学、四门学、书学、算学共计五学。唐代承隋制，国子监是最高教育行政机关，掌管中央六学，分别是国子学、太学、四门学、律学、书学、算学。宋代国子监与唐代相同。

宋代官学对学生的入学资格有些放松，教育对象不断扩大，教学类型增加，教学内容扩大，设有多学科的专门学校：设置律学，讲授法律；设置算学，学习《九章》《周髀》；设置书学，学习篆书、隶书、草书三种字体；设置画学，除学习绘画外，还要研习《说文》《而雅》等书；同时，还设有医学和武学等学科。

### 胡瑗的分斋教学法

胡瑗，字翼之，人称安定先生。1035年，他被范仲淹任命为苏州州学教授，后又任湖州主教。他在苏湖两地教学时，改变当时崇尚辞赋之学风，在学中设经义斋和治事斋，根据学生专长和爱好分斋而教。经义斋学生学习儒家经义；治事斋分设治兵、治民、水利、算术、堰水、讲武等学科，学生主修一科，副修一科，培养在某一方面有专长的技术、管理人才，以明体达用，培养实际有才干的人为目标。

总体看来，中国古代官学经过了不断发展、逐步完善的过程，各个时期学习教育内容的不同，产生了与之相对应的文化特色，这也反映了官学教育对社会的巨大影响力。

## 二、中央官学

中央官学是中央政府直接举办和管辖的学校体系，可以分为以下几种类型：

太学是古代的大学，周代已经出现这个名字。《礼记·王制》："天子命之教然后为学……大学在郊。天子曰辟雍，诸侯曰泮宫。"太学是专门为统治阶级的上层贵族子弟而设。天子所设大学，规模较大，有四学、五学之称。五学，即中"辟雍"（环水而建）、南学成均、北"上庠"、东"东序"、西"瞽宗"。天子到此，承师问道，南学学乐，北学学书，东学习武，西学演礼。五学之中，以辟雍为最尊，因此，周天子大学又称为辟雍。诸侯的大学比较简单，仅有一所，半面临水，所以称为泮宫。

隋唐时期是官学制度的繁荣时期，为以后的官学制度奠定了基础。隋炀帝设置管理中央官学的专门机构——国子寺。唐代继承了隋代的官学制度，设置管理中央官学的机构——国子监。国子监设立国子学、太学、四门学等，同时，开设弘文馆和崇文馆，教育教学的主要内容是儒家经典；此外，还有医学、天文、兽医等专门学校，极大地促进了教育的多元发展。

元代的中央官学主要有国子学、蒙古国子学、回回国子学。其中，"升斋等第法"，即是将国子学分为上、中、下三个等级，每个等级各两斋舍，东西相向，学生按程度分别进入相应的斋舍习业。下两斋左为"游艺"，右为"依仁"，凡诵书讲说，小学属对者入此；中两斋左为"据德"，右为"志道"，凡讲说"四书"，课肄诗律者入此；上两斋左为"时习"，右为"日新"，程度最高，凡习"五经"，明经义者入此。每季考其所习，依次递升。

明代国子学与国子监合二为一，在北京和南京分别设立国子监，称为"北雍"和"南雍"，规模很大。清代国子监与明代相同，道光绪三十一年（1905年），废除国子监，设立学部。

明代的中央官学除国子监外，还有武学和四夷馆。中央设立国子监作为最高学府。唐代以来，中央官学为多学并立，皆隶属于国子监管理；明太祖只设国子学，洪武十五年，改称国子监。由此，国子监由唐代以来中央官学的行政管理机构变成了纯粹的国立最高学府，这一变化，既减少了朝廷对中央官学的行政管理层次，又加强了对高等教育的控制。

明代武学创设于洪武年间，开始仅在大宁等儒学内设置武学科目，教导武官子弟。英宗正统年间，正式建立两京武学，分别设教授1人、训导6人，教习幼官及子弟未袭职者，储养训习以备任用。武学分"居仁""由义""崇礼""宏智""劝忠"等，所习内容有《论语》《大学》《孟子》及《武经七书》《百将传》等，要求通晓大义。武学的待遇及考试办法，与儒学相同。武学管理制度有正统初奏定的《武学教条》和成化间复审定的《武学学规》。

明代中原与周边民族、国家间朝贡、贸易往来，需要大量翻译人员。为了培养翻译人才，明朝专门设置了四夷馆。四夷馆是我国历史上最早为培养翻译人才而官方设立的专门机构，其主要负责翻译朝贡国家往来文书，并教习周边民族、国家的语言文字。

#### 明代的鞑靼馆

明代的鞑靼馆是四夷馆中负责翻译明朝与蒙古的往来文书，兼培养通蒙汉语言文字的翻译人员的机构。四夷馆在永乐五年初设时，分为八馆，后增设两馆，计为十馆。对此，《大明会典》记载："凡四方番夷翻译文字，永乐五年设四夷馆，内分八馆，曰鞑靼、女直、西番、西天、回回、百夷、高昌、缅甸，选国子监生习译。……正德六年增设八百馆，万历七年增设暹罗馆。"这一史料，清楚地记载了设置四夷馆所处的年代及增设各馆情况。

清代的中央官学包括国子监、算学馆、俄罗斯学馆、贵族学校。其中，俄罗斯学馆聘请俄国人教授满族子弟学习俄文。清朝中期以前，与之交涉的西方国家最多的是俄国，而清政府中，又极少会俄文者，于是1708年设俄罗斯学馆，挑八旗子弟，专学俄文，学生名额24，教习2名。最初，用俄罗斯人教习，后由俄文较好的旗人担任。同时，它并非仅仅是学校，还担任着政府行政部门的翻译工作。地方官学还有一些特设的学校，如商学、卫学、土司学等。

宗学是专门针对清代宗室子弟的教育，清代宗室教育在入关之前就开始了，尤其在皇太极统治时期，非常重视宗室的汉文化教育，但当时还没有制度化。入关后，随着清政府统治的逐步稳定，逐渐建立了正规的、比较系统的宗学教育。顺治九年（1652年）宗学正式设立，分为左、右翼宗学，各翼设立满学和汉学，宗学共有四所。每学各派王官1人为总管，下设正教长1人，教长8人，都以宗室中行尊年长的充任，再下又设教习若干，担任教课。宗学的待遇很高，每月给公费银，与各馆纂修官相同，给米与本学教习同，四季给衣亦如之。总之，宗学是以成就宗室人才之意。

旗学为旗人学校的总称，其中有八旗官学，八旗教场官学，八旗蒙古官学，八旗学堂，满洲、蒙古、清文义学，景山官学，咸安宫官学等。内务府下的景山官学和咸安宫官学是为教育、培养内务府中三旗子弟而设的。咸安宫官学的学生来源于景山官学中的优秀者及包衣佐领、内管领的子弟。"不计岁月，俟入仕后，始除其籍。特派大臣综理其事，其教习皆用进士，或参用举人"，这是培养八旗子弟尖子的学校。

**清代的觉罗学**

觉罗学是清代专门教授皇族内觉罗子弟的官办学堂。当时，觉罗人口众多，要一概归入宗学势难遍及，于是决定于每旗各设一衙门，管辖觉罗，由王公派人管理，并令在各衙门旁设立觉罗学，在觉罗内选老成达练、品行端正者一二人分管。觉罗子弟除情愿在家学习者外，择其可教之人，令其读书学射，满汉兼习，所派出管辖人员不时训诲，"如此则觉罗少年子弟大有裨益，而人人皆可成就"。觉罗学生从8岁以上、30岁以下的觉罗子弟中挑补，并定额数。每年春秋考试两次，每三年同宗人府考试一次，优者奖劝，次者留学教训，劣者黜退。学生学成之后，与旗人一同应岁科举考试及乡试、会试。

## 三、地方官学

古代地方政府设立的官学是府州县学，因为周代的地方官学叫乡学，所以后来的地方官学也称为乡学。乡学中有塾、庠、序、校之分，内容有六艺、七教、八政以及三物等。

汉代的地方官学不是很受重视。汉景帝时期的蜀郡太守文翁率先在益州（今成都）开办地方官学，为蜀地培养了不少人才。汉平帝时期，下令天下设立官学，规定郡国称为学，县道邑侯国称为校，乡称为牢，聚（村）称为序。汉代的乡学没有正规的课程设置，与中央也没有从属关系，还没有形成体系，但是为后来的地方官学制度奠定了基础。

唐代的官学教育发展很快，从中央到地方都建立了较为完备的官学教育体制。地方官学分为京都学、都督府学、州学、县学和乡学。州学和府学分为医学和经学两种，学生名额依据州府人口多少而有差异，医学生名额为 10~20 名，经学生名额为 40~60 名。县学只设经学，名额为 20~50 名。州县的学生经过毕业考试合格者，可以参加相应的科举考试，也可以升入四门学。乡学是唐代地方官学的重要组成部分，每乡一所，通常师资、生员、经费没有统一规定，一部分经费要依靠捐献来获得。

唐代将官方医学教育推广到地方，地方医学教育发展迅速，其分别设置了医科、针科、按摩科、咒禁科。唐代医药人才的考试、选拔与考核受当时科举制度的影响，同时具有自身的特色。考试分为月试、季试、岁终试，充分体现了医学教育的特点；医学人才的选拔与任用呈现出生徒、贡举、制举等多样化的特色；医学人才的考核，始终贯穿于教学、临床、医德等各个方面，对后世医学具有借鉴意义。

宋元时期，州县设立学田制度，这在一定程度上保证了地方官学的正常发展。学田，最早起源于南唐烈祖升元元年（937 年）的江州东佳书堂。宋真宗乾兴元年（1022年）出现正式的官学学田；仁宗时，立学赐田制度基本形成；神宗、徽宗时，进一步发展。

学田制度，即学校通过朝廷拨赐、官府购买、民众捐赠等途径获得田产，然后将田产以租佃的形式出租，以其收入的租税作为办学以及经费的制度。至宋徽宗大观三年（1109年），北宋全国学田总量达 105990 顷。南宋时期，各地学田的数量较北宋有所增长，书院学田在理学家们的支持下得到快速发展，管理制度更加完善。学田的来源主要有朝廷赐田、各级官府拨田、地方官府购田、民众乡绅捐赠田地及学校自置田地。其中，朝廷赐田、官府拨田及购田为官学学田的主要来源，而民众乡绅捐赠及学校自置田地则为书院学田的主要来源。学田在宋代形成一套比较完备的经营管理制度。

元代的地方官学增设阴阳学，分设天文、历算、测验、阴阳、司辰等科目，又创立了社学，以满足农业的需要，这对科技教育起到了积极的推动作用。元代地方教育的特色是建立"社学"体制。"社"是元代乡村的地方组织，50家为一社，每社建立一所学校，教师为通晓经书的人，农闲时，送子弟入学，读《孝经》《小学》《大学》《论语》《孟子》，并以教劝为主要任务。因此，社学发展较快。

明代继承元制，各府、州、县都设立社学，同时，扩大到僻远地区，成为政府在乡村和边远地区普及教育的一种主要形式。社学以教化为主要任务，教育内容包括律法、婚、丧、祭等礼节，以及经史、历算等。政府委任提学官（不受地方政府管辖）专门负责地方教育。

清代地方官学与明代基本相同，"穷乡僻壤，皆立义学"。

# 第二节　古代私学教育

在古代中国社会中，私学与官学是相对存在的，它是教师私人授徒讲学、培养弟子的一种教学活动。官学与私学平行发展、互相补充，对封建社会的发展起到了积极的作用。古代私学一般包括经师讲学和启蒙教学两种类型。

## 一、古代私学发展概述

中国古代的私学教育产生于春秋时期，此时，王权式微，官学衰落，于是出现了"天子失官，学在四夷"的局面。孔子是这一时期著名的私学创办者，拥有三千弟子、十二贤人。孔子注重个性差异，善于启发诱导，提倡学习与思考相结合、学习与行动相结合，其教育经验对后世有深远的影响。春秋末年到战国时期，学派林立，不同政见者纷纷创办私学，为中国几千年私学的发展奠定了基础。

小贴士

### 颜回的故事

颜回，姓颜，名回，字子渊，也称颜渊，鲁国人，七十二贤之首，十哲之首，儒家五圣之一。他比孔子小 30 岁，最为孔子钟爱，孔子对他称赞最多，不仅赞其好学，而且还以"仁人"相许，并一再褒奖他："贤哉回也！一箪食，一瓢饮，在陋巷，人不堪其忧，回也不改其乐""用之则行，舍之则藏，惟我与尔有是夫""有颜回者好学，不迁怒，不贰过"。其思想与孔子的思想基本是一致的，被后世尊称为复圣。孔子与弟子颜回如图 3-3 所示。

图 3-3　孔子与弟子颜回

秦代禁止私学，这个时期私学处于低谷。到东汉末年，私学如雨后春笋般发展起来，许多民间私学大师开门办学，儒、道、墨、法、刑、名等流派相互争鸣，又兼收并蓄，各类私学几乎遍布全国各地。私学在组织形式上可以分为蒙学和精舍两种，蒙学是小学程度的书馆、学馆，属于启蒙教育；精舍又称精庐，是专攻经学的经馆，属于提高教育。此时的私学是与官学并驾齐驱的一个重要教育领域，几乎承担社会蒙养教育的任务。

魏晋南北朝时期，战乱频繁，官学衰颓，此时的私学呈现出繁荣局面，名儒聚徒讲学占据重要地位，学生人数众多，有上百人或上千人不等。这个时期私学教育的内容为儒学、玄学、佛学、道教、科学技术等相结合。周兴嗣编辑了影响深远的蒙学读物《千字

文》。颜之推的《颜氏家训》尤其值得称道，它是这一时期家庭教育的代表作，也是我国历史上第一部系统完整的家庭教育教科书。

### 《颜氏家训》

《颜氏家训》（图3-4）全书二十篇，各篇内容涉及的范围相当广泛，但是主要以传统儒家思想教育子弟，讲究如何修身、治家、处世、为学等，其中，不少见解至今仍有借鉴意义。书中内容基本适应了封建社会中儒士们教育子孙立身、处世的需要，提出了一些切实可行的教育方法和主张，以及培养人才力主"治国有方、营家有道"的实用型观念等，继承和发展了儒家以"明人伦"为宗旨的"诚意、正心、修身、齐家、治国、平天下"的传统教育思想。基于以上，历代统治者对《颜氏家训》非常推崇，甚至认为"古今家训，以此为祖"，以致大肆宣传，广为征引，反复刊刻，虽历经千余年而不佚。

图3-4 《颜氏家训》

宋元明清的私学教育，基本延续了隋唐的模式，这一时期的私学大体可以分为两种：一是蒙学，一是经馆。蒙学教育主要是私人设立的学塾、村学和蒙学，以授书、背书、写字为基本内容，启蒙教材有宋代《百家姓》和《三字经》，以及之后编写的《千家诗》和杂字书；经馆教育是经过蒙学教育之后，逐渐进入以科举考试为目的、程度较高的私学阶段，教学内容为儒家经典及其注疏文字，明代以后以朱熹的《四书集注》为主要学习内容，同时，还学习八股文章。

### 《四书集注》

《四书集注》(图3-5)是"四书"的重要注本。其内容分为《大学章句》(1卷)、《中庸章句》(1卷)、《论语集注》(10卷)以及《孟子集注》(14卷)。朱熹首次将《礼记》中的《大学》《中庸》与《论语》《孟子》并列,认为《大学》中"经"的部分是"孔子之言而曾子述之","传"的部分是"曾子之意而门人记之",《中庸》是"孔门传授心法"而由"子思笔之于书以授孟子",四者上下连贯传承而为一体。《大学》《中庸》中的注释称为"章句",《论语》《孟子》中的注释集合了众人说法,称为"集注",后人合称其为"四书章句集注",简称"四书集注"。

图3-5 朱熹《四书集注》

纵观中国古代教育发展状况,私学教育发挥着极其重要的作用,主要表现在以下几个方面:第一,私学教育几乎承担了蒙养教育的任务。在古代,蒙养教育还没有纳入官学教育的体系中,上自王公贵族,下到平民百姓,其子女的教育都要由私学来承担,这是中国古代教育的一大特色。第二,私学教育对中国古代教育的普及作出了贡献。私学招生时,不问出身,不论富贵贫贱,只要愿意学习,都可以入学。第三,私学教育为中国文化的发展和传播作出了贡献。私学办学灵活,讲学自由,很多有价值的学术思想都在其中产生和发展,许多大思想家、大教育家、大哲学家的思想都是通过创办私学或者私学讲学而得到

传播和发展的。

## 二、古代书院发展概况

书院起源于南唐，鼎盛于宋代，普及于明清，是中国古代私学教育的重要形式。它以私人创办和组织为主，将图书的收藏、校对与教学、研究合为一体，形成独特的办学形式、管理制度、教授方法，是相对独立于官学之外的民间性学术研究和教育机构。

书院之名，最早出现在唐代。唐玄宗开元年间，乾元殿更名为丽正修书院，后又改名为集贤殿书院，但只是藏书和修书机构，并不是学子授业之地。真正具有教学性质的书院出现在唐末五代，兴盛于宋代。书院大都位于山林之中，地理位置优越，自然环境优美。宋代书院兴盛的原因，大致有以下几方面因素：一是私人办学的传统。自春秋以来就有私人讲学的传统，唐宋以来书院的兴盛是私人办学传统的延续和继承。二是政府支持和鼓励民间办学。书院能够满足读书人对求学的需要，弥补了官学地域上的空缺，除明代书院因参与政治斗争被焚毁外，历朝政府对书院的态度是大力支持的。三是有些士大夫和学者要求发表自己的政治主张和学术观点，也有部分学者受禅宗的影响，愿意选择山林名胜施教。这样，书院的规模和数量得以大幅提升，其中，影响最大的被称为"四大书院"，它们分别是白鹿洞书院、应天府书院、岳麓书院和嵩阳书院。

白鹿洞书院（图3-6）位于江西省九江市庐山五老峰南麓，是世界文化景观，享有"海内第一书院"之誉，被评为"中国四大书院之首"。其原为唐代李渤与其兄李涉隐居读书之处，南唐升元年间（940年），因洞建学馆，以李善道为洞主，当时称"庐山国学""白鹿国学""白鹿洞国庠"。北宋太平兴国二年（977年），皇帝赐"九经"。1053年，孙琛就故址建学馆十间，榜曰："白鹿洞之书堂。"1179年，理学家朱熹担任南康（今江西省九江市庐山市）知军时，重建书院，亲自讲学，确定了书院的办学规章制度，《白鹿洞书院教条》体现了朱熹"格物、致知、诚意、正心、修身、齐家、治国、平天下"等以儒家经典为基础的教育思想，也是教育史上最早的教育规章制度之一；同时，还建房置地，延请名师，充实图书，使书院名声大振，成为宋末至清初数百年重要的文化摇篮。

应天书院（图3-7）位于河南省商丘市。五代时期，杨悫在归德军将军赵直的扶持下，建立南都学舍聚众讲学，后其学生戚同文继续办学，成为睢阳学舍。宋真宗诏赐额为

图3-6 白鹿洞书院

"应天府书院"。当时，北宋著名文学家晏殊担任应天府知府，大力聘请名师王洙、范仲淹等先后任教其中。范仲淹执教时，教导学生要"从德"，不能仅以科举考试作为求学的最终目的，他提出"为学之序"，学、问、思、辩四者最后要落实到"行"上，率先明确了具有时代意义的匡扶"道统"的书院教育宗旨，还确立了培养"以天下为己任"的士大夫的新型人才培育模式，由此，推动了宋初学术、学院风气向经世致用方面的转变，使应天书院成为中州第一大学府。

图3-7 应天书院

岳麓书院（图3-8）位于湖南省长沙市岳麓山下。北宋开宝九年（976年），潭州（今长沙）知州朱洞建造讲堂、斋舍以待四方学者。咸平二年（999年），潭州知州李允则扩大了规模。1015年，宋真宗赐名"岳麓书院"。两宋期间，朱熹曾在此讲学，从学者千余人。岳麓书院的教育理念是博于问学、明于睿思、笃于务实、志于成人，这是一种经世致用的价值取向、实事求是的思想方法、学贵力行的治学风格。

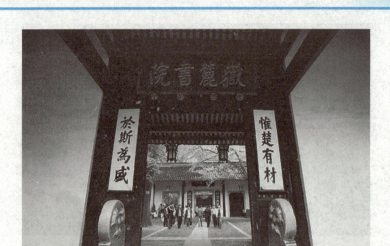

图3-8　岳麓书院

　　嵩阳书院（图3-9）位于河南省登封市太室山南麓，原名嵩阳寺，初建于北魏太和八年（484年）为佛教活动场所，僧徒多达数百人。隋大业年间（605—618年），更名为嵩阳观，为道教活动场所。唐弘道元年（683年）高宗李治游嵩山时，闭为行宫，名曰奉天宫。五代后周时（951—960年），改为太乙书院。宋景祐三年（1036年），更名为嵩阳书院，此后，一直是历代名人讲授经典的教育场所。据记载，先后在嵩阳书院讲学的有范仲淹、司马光、程颢、程颐、杨时、朱熹、李纲、范纯仁等24人，司马光的巨著《资治通鉴》第九卷至二十一卷就是在嵩阳书院和崇福宫完成的；号称"二程"的程颐、程颢在嵩阳书院讲学达10余年。

图3-9　嵩阳书院

明代书院中最为有名的是东林书院（图3-10）。东林书院创建于北宋政和元年（1111年），是当时理学家程颢、程颐嫡传弟子高第、知名学者杨时长期讲学的地方。明代万历三十年（1604年），由东林学者顾宪成等人重新修复并在此聚众讲学，他们倡导"读书、讲学、爱国"的精神，最大的特点是密切关注国事，"风声、雨声、读书声、声声入耳；家事、国事、天下事、事事关心"就是这一特点的集中体现。以顾宪成为首的书院领导人在书院中开坛讲学，针砭时弊，成为江南地区人文荟萃之地和议论国事的主要舆论中心，有"天下言书院者，首东林"之赞誉；但是，遭到以魏忠贤为首的阉党迫害，书院被焚毁。东林书院以天下为己任的进取精神却代代相传，成为中国知识分子的一种精神追求。

图3-10　东林书院

中国古代的教育制度，官学、私学和书院是其基本形式。其中，官学是封建社会教育的主要形式，它为维护封建统治培养了一大批中坚力量；但是因王朝的更迭和颓势，私学就有了比较充分的发展空间，发展迅速。官学与私学二者互相补充，和谐共生，共同传递和创造着中华优秀传统文化。

# 第三节　古代教育名家

在我国的教育发展过程中，涌现出了一批伟大的教育家，他们的思想博大精深，奠定了中国传统教育思想的基础，很多的教育思想在今天看来仍然具有现实意义。

## 一、至圣先师——孔子

孔子（图3-11）是儒家学派的创始人，中国古代伟大的思想家和教育家，古代教育理论的奠基人。孔子从各个层面对教育现象进行了思考，提出了一系列关于教育问题的真知灼见。

图 3-11　孔子画像

孔子认为教育对社会的发展具有举足轻重的作用。"子适卫，冉有仆。子曰：'庶矣哉！'冉有曰：'既庶矣，又何加焉？'曰：'富之。'曰：'既富矣，又何加焉？'曰：'教之。'"孔子认识到国家发展必须具备三个条件：一是"庶"，即充足的劳动力；二是"富"，发展生产力，改善人民生活，因为"仓廪实而知礼节，衣食足而知荣辱"；三是"教"，使人民受到政治伦理教育，安分守己，"富而不教则如禽兽矣"。孔子是我国历史上最早论述教育与经济关系的教育家。经济发展、生活宽裕之后必然随之进行教育，引导人民，引导社会走健康发展的道路；孔子认为教育对个体的发展也具有重要作用，"性相近也，习相远也"，人与人之间的差距并不是很明显，但是在以后的生活中有很大差距的原因在于后天的学习，也就是教育可以缩短人和人之间的差距。

《论语·述而》记载："子以四教：文、行、忠、信。""文"主要指传统的《诗》《书》《礼》《乐》等文化典籍，"行、忠、信"就是品行、忠诚和守信，实际上指的是道德教育。孔子主张"行有余力，则以学文。"孔子把道德教育放在人才培养的首位，在实际的教学活动中，主要讲授的是《诗》《书》《礼》《乐》四门课程，把道德教育贯穿到文化知识的学习中。

《诗》是我国历史上最古老的诗歌选集，由孔子编辑整理而成，取其精华三百零五篇，概称"诗三百"。《诗》的特点是合乎周礼，内容纯正无邪。《诗》对个人品德修养和人际关系有重要作用，概括起来就是："可以兴""可以观""可以群""可以怨"。《书》又称《尚书》，是我国历史上最早的一部历史文献汇编，保存了夏、商、周时代的政治、经济、军事和文化等方面的资料，有很高的历史价值。《礼》又称《士礼》或《仪礼》，孔子认为三代之礼，周礼比较完善，他依据周礼加以改良，编辑成一部君子必须掌握的礼仪，他要求学生"立于礼"。"夫礼，先王以承天道，以治人之情，故失之者死，舍之者生。"知礼是立足社会的重要条件，他要求弟子不仅学会礼仪，而且要理解礼所蕴含的精神实质。《乐》又称《乐经》，与《诗经》相关联，前者是曲调，后者是歌词。同时，《乐》与《礼》也密切相关，礼乐经常配合，发挥为政治服务的作用。礼是人们必须遵循的行为准则，用以规范人的行为，建立稳定有序的社会等级制度；乐则陶冶情操，净化心灵，形成崇高的品格。孔子要求学生"兴于诗，立于礼，成于乐"。

孔子的教育目标是要培养德才兼备的治术人才，根据《论语》记载，可以概括为"士""君"和"成人"三个层次。士包括两个方面：一是为学，二是入仕，为学要求学问道德方面能严格要求自己，达到崇高的境界；入仕要求能"使于四方""见危授命"，在政治上谋进取，以道治国安邦。君子须具有"仁""智""勇"三大德。成人则要有"仁""智""勇""艺""礼""乐"六个方面的要求，这些构成了孔子最理想的培养目标。孔子力求通过教育培养德才兼备的人才，达到改良社会政治的目的。

孔子在具体的教育教学实践过程中，总结出了一套行之有效的教学方法，直至今天仍然有重要的借鉴意义。

其一，学、思、行相结合。"学而不思则罔，思而不学则殆""学而知之"是孔子进行教学的主导思想，也是求知的唯一途径。学习不能只进行固定的知识学习，却不进行思考，学习是"学"与"思"的有机结合，学习是基础，思考是学习的进一步深化，学思结合才是学习的最好方法。通过学习掌握知识以后，还要运用到实践中去，也就是"学以致用"。孔子告诉学生学习《诗》之后，还得发挥它的作用，"小子何莫学夫《诗》？《诗》可以兴，可以观，可以群，可以怨。迩之事父，远之事君。多识于鸟兽草木之名。"只有在实践的过程中，知识的意义才能更加鲜明地体现出来。孔子带领弟子周游列国如图3-12所示。

图 3-12　孔子带领弟子周游列国

其二，启发诱导的思想。孔子是世界上最早提出启发式教学的教育家。他认为，学生必须通过自我努力进入一定的学习状态，然后因势利导，适时点拨，进而使学生触类旁通，"不愤不启，不悱不发，举一隅不以三隅反，则不复也。"按照朱熹的解释，"愤"是"心求通而未得之意"，"启"是"开其意"，"悱"是"口欲言而未能之貌"，"发"是"达其辞"，"复"是"再告知"。这里面隐含两层意思：一是在教学中应注意把握最佳时机，及时施教，当学生思考问题已有所得，欲表达又表达不清时，再给以及时启发；二是必须培养学生举一反三、触类旁通的逻辑推理能力。

其三，因材施教的思想。朱熹《论语集注·先进》中，"夫子教人各因其材"，那么如何做到因材施教呢？首先，要观察、了解学生。"视其所以，观其所由，察其所安"，听其言而观其行，同时，还注重学生的年龄特点，"君子有三戒：少之时，血气未定，戒之在色；及其壮也，血气方刚，戒之在斗；及其老也，血气既衰，戒之在得。"（《论语·季氏》）。其次，要根据学生智力水平的高低，进行不同的指导。"中人以上，可以语上也；中人以下，不可以语上也"（《论语·雍也》）。再次，针对学生的性格缺点，补偏救弊。"柴也愚，参也鲁，师也辟，由也喭""求也退，故进之；由也兼人，故退之"（《论语·先进》）。最后，顺应学生的各种爱好，发展其特殊才能。"由也，千乘之国，可使治其赋""赤也，束带立于朝，可与宾客言"（《论语·公冶长》），孔子根据学生的不同特点，采取不同的教学方法，后人非常推崇孔子的"因材施教"思想，并且广泛地应用在教育教学的实践中。

其四，好学与实事求是的态度。孔子认为个人的成功前提是要有良好的学习态度。首先，要好学乐学，"知之者不如好之者，好之者不如乐之者"（《论语·雍也》）；其次，在学习的过程中，还要有实事求是的态度，"知之为知之，不知为不知，是知也"（《论语·为政》）；再次，在没有完全掌握知识时，要不耻下问，"以能问于不能，以多问于寡；有若无，实若虚"（《论语·泰伯篇》）；最后，知识要经常地温故知新，正所谓"学而时习之，不亦说乎"（《论语·学而》）。

## 二、理学集大成者——朱熹

朱熹是南宋著名的教育家，理学思想的集大成者，集学者、官员、教育家、文学家于一身。在为官期间，锐意办学，未曾间断教育。一生的著述很多，其中影响最大的是《四书集注》。

### 朱熹的格物致知论

朱熹用《大学》"致知在格物"的命题，探讨认识领域中的理论问题。在认识来源问题上，朱熹既讲人生而有知的先验论，也不否认见闻之知。他强调穷理离不得格物，即格物才能穷其理。朱熹探讨了知行关系。他认为知先行后，行重知轻。从知识来源上说，知在先；从社会效果上看，行为重。而且知行互发，"知之愈明，则行之愈笃；行之愈笃，则知之益明。"

朱熹在总结前人教育经验和自己教育实践的基础上，基于对人心理特征的初步认识，把一个人的教育分为"小学"和"大学"两个既有区别又有联系的阶段，并分别提出了不同的教育任务、内容和方法。

8岁至15岁，为小学教育阶段。朱熹十分重视这个阶段的教育，认为小学教育的任务是培养"圣贤坯璞"。关于小学教育的内容，朱熹指出，因为小学儿童"智识未开"，思维能力很弱，所以他们学习的内容应该是"知之浅而行之小者"，力求浅近、具体。为此，他提出以"教事"为主的思想。这个时期的主要任务是"学其事""人生八岁，则自王公以下，至于庶人之子弟，皆入小学，而教之以洒扫应对进退之节，礼乐射御书数之文。"在教育方法上，朱熹强调以下三点：首先，主张先入为主，及早施教；其次，要求形象、生动，能激发兴趣；再次，以"须知""学则"的形式来培养儿童的道德行为习惯。"凡书册，须要爱护，不可损污绉折""凡写字，未问写得工拙如何，且要一笔一画，严正分明，不可潦草"。

15岁以后为大学教育阶段。大学教育是在"小学已成之功"基础上的深化和发展，与小学教育重在"教事"不同，大学教育内容的重点是"教理"，即重在探究"事物之所以然"。小学教育是培养"圣贤坯璞"，大学教育则是在坯璞的基础上"加光饰"，再进一步精雕细刻，把他们培养成为对国家有用的人才。尽管小学和大学是两个相对独立的教育阶段，但是这两个阶段又是有内在联系的，它们的根本目标是一致的。朱熹关于小学和大学教育的见解，反映了人才培养的某些客观规律，为中国古代教育理论的发展增添了新鲜的内容。

 小贴士

**《大学》中的教育思想**

《大学》是一篇关于大学教育的文章，《大学》对大学教育的目的、任务和步骤进行了完整而全面的概括，集中体现在"三纲领""八条目"上。《大学》提出的教育目标是"大学之道，在明明德，在亲民，在止于至善"，这就是我们所讲的"三纲领"。为了实现"三纲领"，《大学》提出了一系列完整的步骤，"格物、致知、诚意、正心、修身、齐家、治国、平天下"，这就是所谓的"八条目"。

朱熹强调读书穷理，认为"为学之道，莫先于穷理；穷理之要，必在于读书"。他一生酷爱读书，对于如何读书有深切的体会，并提出了许多精辟的见解。他的弟子将其概括为"朱子读书法"六条，即循序渐进、熟读精思、虚心涵泳、切己体察、着紧用力、居敬持志。这些是朱熹教育思想的重要组成部分。

其一，循序渐进。学习的过程应当根据知识的难易程度确定次序，由浅入深，由小及大。在读具体的书籍上，要按照首尾篇章的顺序，"未明于前，勿求于后"；应根据自己的实际情况和能力，安排读书计划，并切实遵守它；读书还要扎扎实实打好基础，不可囫囵吞枣，急于求成。循序渐进也包括知识的积累和持之以恒的治学精神。

其二，熟读精思。读书必须反复阅读，不仅要能够背熟，而且还要对书中的内容了如

指掌，"一一认得，如同自己作出来一般"。熟读是精思的基础，熟读的要求是"使其言皆若出于吾之口"，在此基础上，进一步深刻理解精义及其思想真谛；精思的要求是"使其意皆若出于吾之心"。

其三，虚心涵泳。所谓"虚心"，是指读书时要虚怀若谷，静心思虑，仔细体会书中的意思，不要先入为主，牵强附会；所谓"涵泳"，是指读书时要反复咀嚼，细心玩味。朱熹说："读书之法无他，惟是笃志虚心，反复详玩，为有功耳。"以虚心的态度去体会圣贤的用心和寓意，来不得半点主观臆断或随意发挥；尤其是自己不能先有主观意见，再把"圣贤言语来凑"的意思，甚至穿凿附会地硬性联系。

其四，切己体察。读书不能仅仅停留在书本和口头上，还必须见之于自己的实际行动，要身体力行，"须要将圣贤言语，体之于身"。读书不是为了向别人炫耀，或是为了获取教训别人的材料，读书重要的是落实到自身修养的提高上。

其五，着紧用力。读书好比"撑上水船，一篙不能放松"，不进则退。读书又是细致功夫，不能蛮干。以鸡抱卵为喻，急躁是不行的；而一旦进入学习阶段，就绝不能放松，要按部就班地完成任务。其中，有两个方面值得注意：一是必须抓紧时间，发愤忘食，反对悠悠然；二是必须抖擞精神，勇猛奋发，反对松松垮垮。

其六，居敬持志。所谓"居敬"，是指读书时心无旁骛，精神专一，注意力集中，不受外界干扰；所谓"持志"，就是要树立远大的志向、高尚的目标，并要以顽强的毅力持之以恒，长期坚持。

朱熹的读书法是他长期读书经验的总结，既有实际的读书理论，也有很强的哲理性，在今天仍然具有重要的参考价值。我们面对众多的阅读资料时，更应该努力发掘传统理论的现代意义。

## 三、"致良知"的宣导者——王守仁

王守仁（1472—1529 年），字伯安，号阳明，明代最著名的思想家、哲学家、文学家和军事家。王守仁非常重视教育工作，企图通过教育宣传自己的学说，挽救社会危机。他的学派思想对当时的社会产生了很大的影响，可谓"门徒遍天下，流传逾百年"。王守仁画像如图 3-13 所示。

图 3-13 王守仁画像

### 龙场悟道

　　1506 年，兵部主事王守仁因仗义执言得罪了宦官刘瑾，结果被捕入狱，廷杖四十，被贬为贵州龙场驿丞。龙场在贵州西北的深山之中，穷山恶水，人迹罕至，住的都是些言语不通的少数民族，偶尔遇上几个能听得懂语言的人，却又都是从中原逃来此处的亡命之徒，其生存环境之恶劣，可想而知。1508 年春，王守仁经历了九死一生到达龙场。一天夜里，躺在石椁中，他不禁想："若是圣人处于此情此景又能怎么样呢？"忽然脑中灵光一闪："圣人之道，吾性自足。"原来圣人是人人都可以做到的，而且做圣人的道理和根据不在别处，就在自己天生的本性及道德良心之中。这就是著名的"龙场悟道"。

　　王守仁的教育思想是以他的主观唯心主义的"心学"为基础的，思想的核心是"心即理"，他认为万事万物及其运行规律，以至人类社会的各种道德规范，都是心所固有的，是由心派生出来的，而心的本体就是"良知"。圣人之所以为圣人，是因为天理纯全，良知常在。除掉物欲与邪念，也就是做为善去恶的功夫，从而恢复本心，这就是"致良知"。

　　王守仁教育内容的核心是"歌诗""读书""习礼"。"歌诗"的"歌"是指用带有音乐旋律的声调去大声歌颂的内容；"读书"的"书"非泛指一切书籍，而是特指《尚书》之书，它能开发智力，增加知识，调节情绪；他将道德规范的认同与教育提升到道德实践的高度，超越了"礼"的认识阶段，直接论及"习礼"的行为举止，"习礼"有利于道德修养，活动筋骨，锻炼身体。

总体来说，王守仁关于教育教学的原则更多的是继承了孟子的学说。一是立志，他特别强调"夫学，莫先于立志""君子之学，无时无处而不以立志为事"。一个没有志向的人，"譬如一块死肉，打也不知痛痒，恐终不济事"。二是自得，这种自得，是指自觉地有所得，不是迫于外界压力而学习，"凡学之不勤，必其志之尚未笃也。"同时，自得还指自我得之，不靠别人获得，"学问也要点化，但不如自家解化者，自一了百当。不然，亦点化许多不得"。三是提出"知行合一"的教育思想。"知行合一"是针对朱熹的"先知后行"等分裂知与行的理论而提出来的，他强调"知""行"的统一，二者是缺一不可的，"知中有行，行中有知"，"知行"教育原则对后世有重要影响，其中，近代教育家陶行知先生的教育思想就来源于此。

在道德教育和修养的方法上，王守仁以"知行合一"的思想为指导，大力批判当时的科举制度对学校教育的影响，他认为伦理道德的核心是"明人伦"，了解并遵守人伦秩序是道德教育的目的。

其一，静处体悟。这是王守仁早年提倡的道德修养方法。他认为道德修养的根本任务是"去蔽明心"。因而，道德修养无须"外求"，而只要做静处体悟的功夫，所谓的"静处体悟"，实际上就是叫人默坐澄心，摒去一切思虑杂念，体认本心。这是对陆九渊"自存本心"思想的继承和发展，与佛教禅宗的面壁静思、"明心见性"的修养功夫大致相似。

其二，事上磨练。这是王守仁晚年提出的道德修养方法。他认识到一味强调默坐澄心，会产生各种弊病，容易使人"喜静厌动，流入枯槁之病"。因此，他提倡道德修养必须在"事上磨练"，所谓的"事上磨练"，是指结合具体的事物，"体究践履，实地用功"。这是他"知行合一"的思想在道德修养方法上的反映。

其三，省察克治。王守仁主张要不断地进行自我反省和检察，自觉克制各种私欲，这是对儒家传统的"内省""克己"修养方法的继承和发展，其中，所包含的强调道德修养的自觉性和主观能动性的合理因素，是可以有效地吸取的。

其四，贵于改过。王守仁认为，人在社会生活中总会发生这样或那样一些违反伦理道德规范的过错，即使是大贤人，也难以避免。要改过，首先必须对过错要有认识，这体现了求实的精神，这是值得肯定的。

中国古代教育家的教育思想扎根于当时的社会现实，具有鲜明的时代气息，是不可或缺的精神食粮，其合理的成分需要我们继承。

## 第四节　古代考试制度

教育的目的之一是选拔人才，而考试就是选拔人才的一种非常重要的方式。我国古代的考试制度，从西周开始，经历了汉代的察举制、魏晋南北朝时期的九品中正制、隋唐以来的科举制，塑造了当时社会的文化形态，也对中国社会的文化教育产生了深远的影响。

### 一、汉代的察举制

察举制是汉代实行的一种自下而上推选人才为官的制度。通过察举制的实施，汉王朝选拔了一大批德才兼备的人才，不仅充实和加强了中央和地方的封建统治，而且对当时社会政治、经济、文化的发展起到了一定的推动作用。

小贴士

> **汉代的察举方法**
>
> 　　皇帝下诏指定荐举的科目（孝廉、茂才、察廉、光禄四行、贤良方正、贤良文学、明经、明法、至孝等），由丞相、诸侯王、公卿和郡守按科目的要求进行考察和荐举。应举者按不同科目考试，或者由丞相、御史（东汉为尚书）及九卿策试（考试地点为太常寺或公车司马署），或者由皇帝出题策问，根据对策的成绩高下，分别授予官职或选入郎官继续深造。

孝廉是"孝子"和"廉吏"的简称，于民则举"孝"，在吏则兴"廉"。汉代统治者认为，孝是"百行之冠，众善之始"，廉则是官之根本、民之表率，因此，对孝廉的考察和荐举十分重视。在西汉，举孝廉无须考试，既可以委任，也可以每年都举荐。在东汉，孝廉在原有的内容上有了较大变化，其主要体现在：首先，坚持按人口比例岁举孝廉，优待边郡；此举有利于边远地区的人才选拔，促进边远地区文化的发展。其次，举孝廉要考试，并且有年龄的限制，这在一定程度上改变了以往只荐不试的滥举弊端。最后，中央朝廷官员依照职位高低举孝廉。

察举贤良是汉代选拔高级人才的主要形式。所谓察举贤良，一般以"贤良（方正）和直言极谏"为察举名目，但往往都另外附加一些条件，如是否亲民、能否指出皇帝过失等。贤良方正一般是既强调了个人的道德品质，又重视通经达变、博学多术、才华并重。汉文帝在文帝二年和十五年两次下诏举贤良；到汉武帝时，举贤良由非制度化向制度化过渡，通过高级官吏荐举人才，并用对策的方式加以选拔的形式成为定例。由于察举贤良的目的是"求贤图治"，因此，皇帝非常重视，对策由天子亲自主持，"策试"的内容，侧重于当世要务和治国治民的现实问题，即所谓"录政化得失，显而问之"。由此可见，察举贤良在汉代选拔人才制度史上的地位是非常重要的。

"茂才"，原名秀才，东汉避刘秀讳，改称"茂才"。元封五年，汉武帝下诏："盖有非常之功，必待非常之人，故马或奔踶而致千里，士或有负俗之累而立功名。夫泛驾之马，跅弛之士，亦在御之而已。其令州郡察吏民有茂材异等可为将相及使绝国者。"由此可见，察举"茂材异"的目的是寻求"可为将相及使绝国"之"奇才异能"者。由于要求很高，因此，应举者寥寥无几。两汉书载茂才26人，其中，任为县令者18人，余者或为太傅，或为太守，或补谒者不等，再拜光禄大夫者也有之。

汉代察举制的确立，一方面，为选士制度开了先河，也为以后的九品中正制、科举制的实行提供了借鉴，有利于国家的巩固和发展，协调了统治阶级内部的权利分配；另一方面，奠定了以后历代平民参政的基础，为中央和地方行政选拔了干练的官吏，使中下层地主阶级及知识分子有了参与政治的机会，在一定程度上清明了吏治；这种考试制度能够形成尊重人才、知识和倡行注重德行的民风，有利于教育环境的优化，促进教育的发展。

同时，其弊端也不容忽视：一方面，权力分散，地方官员控制察举大权，士人没有靠山便很难被举。两汉察举大权掌握在少数达官贵人之手，大多数情况下帝王下诏，由公卿和郡守按一定的要求荐举，因此，所举"非人"、察举不实的现象常有发生。另一方面，以"声名"取士，重名声、舆论，而考试因素较少，其个人的综合素质不能完全体现出来。

## 二、魏晋南北朝的九品中正制

两汉时期的察举制，到了东汉末年，已为门阀世族所操纵和利用，他们左右了当时的乡间舆论，使察举制滋生了种种腐败的现象。门阀世族与要求参与政治的中小地主及知识分子之间产生了尖锐的矛盾，在如何选官的问题上斗争激烈，如何分配政治权力成为统治者面临的一个问题，九品中正制就是在这种背景形势下产生的。

九品中正制刚设立之初，除了争取世家大族的支持，照顾世家大族的利益，其本身的确有其可采之处，包含了"唯才是举"的精神，选举人才时品状并重，一定程度上起到了选贤任能以更好地维护其统治的作用。其主要内容如下：

其一，先在各郡、各州设置中正。州郡中正只能由本地人充当，且多由现任中央官员兼任。任中正者本身一般是九品中的二品，即上品。郡中正初由各郡长官推选，晋时改由州中正荐举，中正的任命权掌握在司徒府。州郡中正都设有属员，一般人物可由属员评议，重要人物则由中正亲自评议。

其二，中正的职权主要是评议人物，其标准有三：家世（被评者的族望和父祖官爵）、道德、才能。中正对人物的道德、才能只作概括性的评语，称为"状"。中正根据家世、才德的评论，对人物作出高下的品定，称为"品"。品共分为九等，即上上、上中、上下、中上、中中、中下、下上、下中、下下，但类别却只有上品和下品。一品无人能得，形同虚设，故二品实为最高品。三品西晋初尚可算高品（上品），以后降为卑品（下品）。

其三，中正评议结果上交司徒府复核批准，然后送吏部作为选官的根据。中正评定的品第又称"乡品"，与被评者的仕途密切相关。任官者的官品必须与其乡品相适应，乡品高者做官的起点（又称"起家官"）往往为"清官"，升迁也较快，受人尊重，乡品卑者做官的起点往往为"浊官"，升迁也慢，受人轻视。

其四，中正评议人物照例三年调整一次，但中正对所评议人物也可随时予以升品或降品。一个人的乡品升降后，官品及居官之清浊也往往随之变动。为了提高中正的权威，政府还禁止被评者诉讼枉曲。但中正如定品违法，政府要追查其责任。

九品中正制致力于解决朝廷选官和乡里清议的统一问题，是对汉代选官传统的延续。但到魏晋之交，因大、小中正官均被各个州郡的"著姓士族"所垄断，他们在评定品级时，偏祖士族人物；九品的划分，已经背离了"不计门第"的原则，给教育带来了消极的影响。

## 三、隋唐以来的科举制

科举是中国古代从隋朝到清朝一直实行的一种考试制度，由于采用分科取士的方法，所以叫作科举。科举制从隋朝大业元年（605 年）开始实行，到清朝光绪三十一年（1905年）截止，经历了 1300 年，在这一漫长的演变过程中，科举制对隋唐以后中国社会的发展，特别是对古代教育的影响是深远的。隋唐的科举考试如图 3-14 所示。

图 3-14　隋唐的科举考试

隋文帝开皇十八年（598 年），文帝"诏京官五品以上，地方总管、刺史，以志行修谨，清平干济二科举人"，这被看作是科举制度的开始。隋炀帝大业三年（607 年），"炀帝嗣兴，又变前法，置进士等科"，考试科目由文帝的二科增至十科，这十科分别是"孝悌有闻、德行敦厚、节义可称、操履清洁、强毅正直、执宪不挠、学业优敏、文才秀美、才堪将略、膂力骁壮"，这标志着科举制的正式推行。

唐代继承隋代的科举取士制度，全面推行了科举取士的办法，并在制度上进一步完善。

唐代参加科举考试的考生主要分为两类：一类是中央官学国子监、弘文馆、崇文馆和州县的学生，他们在学校内考试合格以后被报送至中书省，这类考生被称为"生徒"；另一类是不在学馆里的普通读书人，他们可以在州县官府报名，州县对其进行考试，合格后被送到尚书省参加省试，这类考生被称为"乡贡"。唐代不同时期的科举考试，设立的科目也有所不同，常设的科目有秀才、明经、进士、明法、明书、明算六科，其中，明经、进士是唐代科举的常设科目，考试的人数众多。在唐代还产生了武举，武举开始于武则天长安二年（702 年），应武举的考生来源于乡贡，由兵部主考，考试科目有马射、步射、平射、马枪、负重等。

### 殿试

　　我国最早的殿试，为唐武则天载初元年（689年）二月。据《通典》载录："策问贡人于洛城殿，始殿试。"只不过，唐代的殿试还没有成为制度。唐代的制科是由皇帝特别召集一些知名人士举行的考试科目。唐代科举的考试方法主要有帖经、墨义、口试、策问、诗赋五种。

　　帖经是唐代科举考试最基本的一种方法，各科考试均需帖经。其具体办法是将书上某行贴上几个字，要考生将所贴的字填写出来，主要考查考生的记诵能力，这种办法和现代考试中的"填空"大致相同。《通典·选举三》："帖经者，以所习经掩其两端，中间开唯一行，裁纸为帖，凡帖三字，随时增损，可否不一，或得四、得五、得六者为通。"

　　墨义和口试都是对经义进行简单回答的考试方法。墨义是用笔答，主要考查考生的记忆能力；口试是用口回答，是考生当场口头回答考官提出的问题，这种方法比较灵活，随意性较大。《旧唐书》记载："礼部举人，罢试口义，试墨义十条，五经通五，明经通六，即放进士。"黄宗羲在《明夷待访录》中说："所谓墨义者，每经问义十道，五道全写疏，五道全写注。"

　　策问是唐代科举考试中最为关键的环节，考生的去留主要取决于这一环节。策问的办法是出一个题目，由考生做文章。题目的范围是人事和政治，要求考生针对当时社会政治、经济和文化等方面的问题，自由发表自己的见解。

　　诗赋是后来加试的一种方法，也称为试帖诗。要求考生当场做诗赋各一篇，主要考查考生的修养和文学创作能力。这样的考试制度对于诗赋的兴盛起到了一定的推动作用。

　　宋代建立以后，对科举制度作了进一步的完善和强力推行。首先是彻底罢除察举，只以科举取士。以科举为唯一取士制度施行后，宋代官府还采取了两大举措：一是提高及第者的待遇，凡是中进士者，立即授予官职，无须经吏部考试，便可委以高官；二是对于耿耿功名而屡试不第者，特设恩科。这两项举措的实施，极大地刺激了人们读书的兴趣，增强了读书人的信心，推动了社会文化的发展。

　　宋代进士分为三等：一等称进士及第，二等称进士出身，三等赐同进士出身。由于扩大了录取范围，名额也成倍增加。宋代每次录取多达二三百人，甚至五六百人。对于屡考不第的考生，允许他们在遇到皇帝策试时，报名参加附试，叫特奏名。也可奏请皇帝开恩，赏赐出身资格，委派官吏，开后世恩科的先例。殿试后，分三甲放榜。南宋以后，还要举行皇帝宣布登科进士名次的典礼，并赐宴于琼苑，故称琼林宴，以后各代仿效，遂成定制。宋代科举，最初是每年举行一次，有时一二年不定。宋英宗治平三年，才正式定为三年一次。每年秋天，各州进行考试（称乡试），第二年春天，由礼部进行考试（称省试，明、清称会试），省试当年进行殿试。

元代的政权以蒙古贵族为主体，科举分为乡试、省试、御试三级，科举考试每三年举行一次。根据《元史·选举志》《续通考·选举》等史书的记载，元代共举行科举考试16次，录取进士1000余人。汉族儒生想通过科举进入仕途非常困难，使广大汉族知识分子前途渺茫，甚至出现"天下习儒者少"的现象。

明代是中国古代科举制度的鼎盛时期。明代统治者对科举高度重视，科举方法之严密也超过了以往历代。明代科举考试分为乡试、会试、殿试三级。乡试是由南、北直隶和各布政使司举行的地方考试；地点在南京府、北京府、布政使司驻地；每三年一次，逢子、卯、午、酉年举行，又叫乡闱。会试是由礼部主持的全国考试，又称礼闱；于乡试的第二年即逢丑、辰、未、戌年举行；全国举人在京师会试，考期在春季二月，故称春闱。殿试在会试后当年举行，时间最初是三月初一；明宪宗八年起，改为三月十五；应试者为贡士，且在殿试中均不落榜，只是由皇帝重新安排名次；殿试由皇帝亲自主持，只考时务策一道；殿试毕，次日读卷，又次日放榜。

### 江南贡院

江南贡院，是我国目前唯一的一座以反映中国科举制度为内容的专业性博物馆。江南贡院（图3-15）始建于南宋乾道四年（1168年），起初占地不大，后经明、清两代不断扩建，鼎盛时期规模居全国各贡院之冠，与北京顺天贡院并称"南闱"和"北闱"。明太祖朱元璋定都南京，集乡试、会试于此。永乐年间，京师迁往北京后，明清两代仍作乡试考场。仅清一代，科考共举行了112科，其中，在江南贡院乡试中举后经殿试考中状元者，江苏籍49名、安徽籍9名，共计58名，占全国状元总数的51.78%。明清两代名人唐伯虎、郑板桥、吴敬梓、施耐庵、翁同龢等皆出于此。

图3-15　江南贡院

　　清代士人在应科举以求功名的路上，要经过考取生员、考取举人和考取进士这三个步骤。

　　生员（秀才）系列的考试，是指童生考取生员须经本县、本府（或本直隶州、厅）和学政的三级考试。首先是县试，县试由州县官主持，日期多在二月；县试一般共考五场，每日一场，黎明前点名入场，即日交卷。其次是府试，府试是由知府、直隶州知州、直隶厅同知主持，日期多在四月。最后是院试，院试由学政主持，各省学政在三年任期内两次巡回各地，称按临，主持生员的岁考和科考；与此同时，学政按临各地，除主持童生入学考试外，还负有整顿学风、检查生员品行和考查生员学业等责任。

　　举人系列的考试，即乡试。清代乡试三年一科，逢子、卯、午、酉年举行，称正科；遇皇帝万寿、登基等庆典，增加一次，称恩科。《周礼》有三年大比之制，所以乡试之年亦称大比之年。乡试于八月举行，也称秋闱。清代乡试考场设在顺天府和各省。顺天乡试也称北闱，参考者有两部分人：一是直隶、奉天、热河等省区以及满蒙汉军的生员和贡生、监生；二是各省的贡生、监生。各省乡试地点在省城，参考者为本省的生员。乡试放榜时间为九月，发榜第二天，在各省巡抚衙门举行"鹿鸣宴"，由主考、监临、学政、内外帘官和新科举人参加，演奏《诗经》中的《鹿鸣》之章，作魁星舞；新科举人第二年可以赴京参加礼部会试。

　　进士系列的考试，包括会试、复试和殿试。清代会试于春季在京师贡院举行，试期多在三月，所以也称春试、春闱；因由礼部主持，也称礼闱。经会试取中的贡士，接着要参加复试。复试考《四书》文一篇，五言八韵诗一首，当日交卷。殿试于会试放榜一月后举行。殿试的内容为时务策一道，由读卷大臣拟出若干题，送皇帝钦定圈出，作为试题。殿试试卷的评阅，由皇帝任命读卷大臣进行（由于殿试在名义上是皇帝作主考，所以称读卷而不称阅卷）。复试、殿试都重视书法，书法不好者很难取得优等。

中国的科举制度，自隋唐创立以来，因为在选拔人才方面比以往选官制度都公正得多，所以逐渐趋于鼎盛。但由于科举制度本身是从维护封建统治者的利益出发的，所以在某些方面存在着消极因素。随着封建社会的没落，科考内容逐渐脱离生活实际，禁锢了人们的思想。光绪二十四年（1898年），戊戌变法中，皇帝下诏废科举改试策论，后遭慈禧太后废除。到光绪二十七年（1901年），慈禧太后迫于形势，不得不下诏改革科举，实行新政。在中国资产阶级兴学校、废科举的压力下，慈禧根据张之洞等人建议，于1905年宣布："自丙午科为始，所有乡会试一律停止。"自此，在我国实行达1000多年的科举制度结束。

科举制度对中国社会的影响是重大的。首先，科举制度使历代统治者能够从包括平民的各阶层中获得新鲜血液，吸纳有知识、有能力的优秀分子；其次，刺激了士人们求取功名的热情，调动了更多人读书的积极性，促成了良好的社会读书风气；最后，科举考试在文化教育上也影响着周边的国家。如日本、朝鲜等国家，他们派遣留学生前来观光和学习，如日本学者阿倍仲麻吕、吉备真备等，促进了中外文化的交流和中华民族文化的传播。西方国家的文官考核制度也吸取了科举考试中的合理因素。当然，科举考试也存在明显的弊端。参加考试的人以求取功名作为读书的唯一目的，即使知识分子满腹才华，却一无用处；同时，考试的内容和形式充满教条主义和形式主义，不利于选拔和培养社会所需的各类人才；考试内容拘泥于经义，缺少科学技术和经济生产方面的内容，导致了中国的教育史和科技史存在严重的失衡现象。

本章主要论述的是中国古代的教育文化，它对古代文化的继承起到积极的传承作用，形成了以儒家文化为核心的教育思想，凝聚起强大的向心力，促进了文化和社会的进步。中国古代教育中产生了许多优秀人才，并且产生了许多著名的教育家和教育著作，他们的教育思想在当时发挥了巨大作用，同时，也对现代教育的发展起到推动

作用。

### 拓展阅读

**1. 孔子之"九思"**

思考，不仅是一种治学方法，而且是为人之道、做事之基。孔子提出的"九思"对人们做事具有十分重要的启示意义。孔子曰："君子有九思：视思明，听思聪，色思温，貌思恭，言思忠，事思敬，疑思问，忿思难，见得思义。"（《论语·季氏》）这段话中的意思是：君子为人处世，起码要注意九个方面的考虑，看的时候要考虑是否看明白了，听的时候要注意是否听清楚了，待人时要考虑表情是否温和，接物时要考虑举止是否文雅恭敬，说话时要考虑是否真实，做事时要考虑是否认真，有了疑问要想想怎样向人请教，遇事发怒时要想想后果，有利可得时要想想是否正当。

**启迪**："九思"的阐述可以说是面面俱到，领悟九思之意，是提高个人情商的最好方式。尤其是"见得思义"一句，每个人要学会坚守自己的道义。有的人见利忘义，看见好处，便忘记了做人的根本，甚至牺牲别人来换取自己的利益。正所谓"君子爱财，取之有道"，不能让利益蒙蔽了双眼，失去了做人最基本的道义。人生千姿百态，很难做到面面俱到，当你认为处于困顿时，可以看看孔子的"九思"，可以帮助你走出困境，使你有所收获。

**2. 张载之横渠四句**

张载，北宋哲学家，字子厚，凤翔郿县（今陕西眉县）横渠镇人，北宋思想家、教育家，理学创始人之一，世称横渠先生，尊称张子。他留有非常有名的四句诗句——"为天地立心，为生民立命，为往圣继绝学，为万世开太平。"这四句诗被当代哲学家冯友兰称作"横渠四句"，因其言简意赅，被历代传颂。

为天地立心，是指为社会建立一套以道德伦理为核心的精神价值系统。简单地说，就是要我们端端正正做一个正直的人，一个有道德的人。为生民立命，是指儒家将命与义合而为一，将外在必然与内在当然统一结合起来，也就是将天与人、顺应自然与自强进取结合起来。为往圣继绝学，是指要与儒家先贤先圣之道一脉相传，主要表现为以张扬仁义为根本、以证明心性为大要、以肯定伦常为宗旨，实际上也就是所谓的"内圣外王"之道。为万世开太平的"太平"，是中国人根深蒂固的社会理想，张载素有济世之志，而他所说的"为万世开太平"则集中体现了他的救国济世之志。

**启迪**：冯友兰先生对"横渠四句"高度赞誉，他说："高山仰止，景行行止，虽不能至，心向往之。""横渠四句"阐明了知识分子的使命意识和责任担当，为读书人指明了实现自身人生价值的重要途径。"横渠四句"就是让我们一步步去实现人生价值的终极理想。

3. 朱熹的美学思想

朱熹的哲学体系中含有艺术美的理论。他认为美是给人以美感的形式和道德善的统一。基于美是外在形式的美和内在道德的善相统一的观点，朱熹探讨了文与质、文与道的问题。他认为文与质、文与道和谐统一才是完美的。朱熹还曾多次谈到乐的问题。

**启迪**：朱熹把乐与礼联系起来，贯穿了他把乐纳入礼以维护统治秩序的理学根本精神。朱熹对"文""道"关系的解决，在哲学思辨的深度上超过了前人。他对《诗经》与《楚辞》的研究，也经常表现出敏锐的审美洞察力。

4. 科举小常识

进士及第，称"登龙门"，第一名曰状元或状头。同榜人要凑钱举行庆贺活动；以同榜少年二人在名园探采名花，称探花使；要集体到杏园参加宴会。叫探花宴。宴会以后，同到慈恩寺的雁塔下题名以显其荣耀，所以又把中进士称为"雁塔题名"。唐孟郊曾作《登科后》诗："春风得意马蹄疾，一朝看遍长安花。"所以，春风得意又成为"进士及第"的代称。常科登第后，还要经吏部考试，叫选试，合格者，才能授予官职。唐代大家柳宗元进士及第后，以博学宏词，被即刻授予"集贤殿正字"。如果吏部考试落选，只能到节度使那儿去当幕僚，再争取得到国家正式委任的官职。

1. 简述私学在中国古代教育中的作用。

2. 如何将书院制度的优秀传统与当代大学教育有机结合？

3. 简述孔子的教育思想在当今社会有何实际意义。

4. 如何全面看待科举制度的作用和意义？

# 第四章　意蕴悠长的古代文学

**教学目标**

1. 了解中国古代文学的重要表现形式，主要是诗、词、曲、散文等。

2. 中国古代文学的现实意义。

3. 学习中国古代文学对当代大学生的影响。

**重点难点**

1. 重点：每个时期不同的文学形式。

2. 难点：在当今碎片式新闻充斥的社会中，如何对中国古代文学产生兴趣，并指导当代大学生塑造正确的人生观与价值观。

**引　　文**

中国古代文学历史悠久，是中华优秀传统文化的重要组成部分，在世界民族文学中，以其辉煌的成就和独特的风格占有重要的地位。中国古代文学也是中华优秀传统文化中最重要、最具有活力、最易被现代人接受和喜欢的一部分，它深刻而又生动地体现着中华优秀传统文化的基本特征。

## 第一节　古代诗词曲

### 一、《诗经》

《诗经》是中国古代诗歌的开端，是最早的一部诗歌总集，收集了西周初年至春秋中叶（约公元前 11 世纪—公元前 6 世纪）的诗歌，《诗经》现存 311 篇（其中，有目无诗的 6 篇），分《风》《雅》《颂》三部分。《诗经》内容丰富，反映了劳动与爱情、战争与徭役、压迫与反抗、风俗与婚姻、祭祖与宴会，甚至天象、地貌、动物、植物等方方面面，是周代社会生活的一面镜子。

《风》出自各地的民歌，是《诗经》中的精华部分，有对爱情、劳动等美好事物的吟唱，也有怀故土、思征人及反压迫、反欺凌的怨叹与愤怒，常用复沓的手法来反复咏叹，一首诗中的各章往往只有几个字不同，表现了民歌的特色。①

《雅》分《大雅》和《小雅》，多为贵族祭祀的诗歌，祈丰年、颂祖德。《大雅》的作者是贵族文人，但对现实政治有所不满，除了宴会乐歌、祭祀乐歌和史诗，也写出了一些反映人民愿望的讽刺诗。《小雅》中也有部分民歌。

《颂》则为宗庙祭祀的诗歌。《雅》《颂》中的诗歌对于考察早期历史、宗教与社会有很大的价值。

孔子十分重视《诗经》，曾多次向其弟子及儿子训诫要学《诗》。孔子认为："《诗》可以兴，可以观，可以群，可以怨。"（《论语·阳货》）

从历史价值角度而言，《诗经》实际上全面反映了西周、春秋的历史，全方位、多侧面、多角度地记录了从西周到春秋的历史发展与现实状况，其涉及面之广，几乎包括了政治、经济、军事、民俗、文化、文学、艺术等社会的全部方面。

《诗经》在中国文学史上具有崇高的地位，对后世产生了深远的影响，奠定了中国诗歌的优良传统。《诗经》立足于社会现实生活，没有虚妄与怪诞，极少展现超自然的神话，多是对祭祀、宴饮、农事等的描述，是周代社会经济和礼乐文化的产物；对时政世风、战争徭役、婚姻爱情的叙写，展现的是周代政治状况、社会生活、风俗民情。这一"饥者歌其食，劳者歌其事"的精神传统为后世所继承和发扬。

《诗经》中"赋、比、兴"的表现手法，在古代诗歌创作中一直被继承和发展，成为中国古代诗歌的一个重要特点。《诗经》以它所表现出的写实的社会内容和优美的艺术形式，吸引着后世文人重视民歌，向民歌学习。《诗经》为当时和后世展现了一幅社会与历史图画，真实地反映了上古时代的社会面貌，讴歌了上古时代劳动人民的勤劳与勇敢，更

---

① https://baike.baidu.com/item/%E8%AF%97%E7%BB%8F/168138? fr=ge_ala.

是鞭挞了统治阶级的卑劣、无耻，为后世留下了立体、具象的历史画卷，是一部丰富生动的上古时代百科全书。

**拓展阅读**

1.《国风》（节选）

### 国风·魏风·硕鼠

硕鼠硕鼠，无食我黍！三岁贯女，莫我肯顾。

逝将去女，适彼乐土。乐土乐土，爰得我所。

硕鼠硕鼠，无食我麦！三岁贯女，莫我肯德。

逝将去女，适彼乐国。乐国乐国，爰得我直。

硕鼠硕鼠，无食我苗！三岁贯女，莫我肯劳。

逝将去女，适彼乐郊。乐郊乐郊，谁之永号？

从诗中我们可以看到，饱受剥削者压榨的奴隶，把剥削者、奴隶主比作贪得无厌的大田鼠，奴隶已不能再忍受沉重的剥削，他们选择逃亡，即将"逝将去女（汝），适彼乐土"作为对剥削者的反抗方式，一个"逝"字表现了诗人决断的态度和坚定决心。虽然这只是劳动人民的一种幻想，却代表了他们对于美好生活的向往和憧憬，正是这一美好的生活理想，启发和鼓舞着后世劳动人民为挣脱压迫和剥削不断斗争。

### 国风·秦风·蒹葭

蒹葭苍苍，白露为霜。所谓伊人，在水一方。

溯洄从之，道阻且长。溯游从之，宛在水中央。

蒹葭萋萋，白露未晞。所谓伊人，在水之湄。

溯洄从之，道阻且跻。溯游从之，宛在水中坻。

蒹葭采采，白露未已。所谓伊人，在水之涘。

溯洄从之，道阻且右。溯游从之，宛在水中沚。

《蒹葭》这首诗是为追求心中思慕之人不可得而作（图4-1）。陈子展《诗三百解题》说："《蒹葭》一诗，无疑是诗人想见一个人而竟不得见之作。这个人是谁呢？他是知周礼的故都遗老呢，还是思宗周、念故主的西周旧臣呢？是秦国的贤人隐士呢，还是诗人的一个朋友呢？或者诗人自己是贤人隐士一流、作诗明志呢？抑或是我们把它简单化、庸俗化，硬指是爱情诗，说成诗人思念自己的爱人呢？解说纷纭，难以判定。"

图 4-1　《蒹葭》

（图片来自百度）

## 国风·周南·关雎

关关雎鸠，在河之洲。窈窕淑女，君子好逑。

参差荇菜，左右流之。窈窕淑女，寤寐求之。

求之不得，寤寐思服。悠哉悠哉，辗转反侧。

参差荇菜，左右采之。窈窕淑女，琴瑟友之。

参差荇菜，左右芼之。窈窕淑女，钟鼓乐之。

《关雎》的内容其实很单纯，是写一个君子对淑女的追求，写他得不到淑女时心里苦恼，翻来覆去睡不着觉；得到了淑女就很开心，叫人奏起音乐来庆贺，并以此让淑女快乐。孔子说："《关雎》乐而不淫，哀而不伤。"

2.《诗经》中的成语

人言可畏，出自《诗经·郑风·将仲子》："人之多言，亦可畏也。"

释义：人的流言蜚语是可怕的。

故事：古代时，青年男子仲子爱上一个漂亮的姑娘，两个人的感情十分深厚，但是他们的爱情还没得到双方父母的同意。而仲子忍不住思恋，想偷偷地去姑娘家幽会。姑娘告诉他也十分想念他，只是没有父母之命，担心流言蜚语，人言可畏。

信誓旦旦，出自《诗经·卫风·氓》："总角之晏，言笑晏晏，信誓旦旦，不思其反。"

释义：誓言说得诚恳可信。

故事：春秋时期，卫国淇水边住着一个被丈夫遗弃的女子，她年轻、天真、漂亮。一个奸诈男子看中了她，甜言蜜语向她求婚，信誓旦旦地表示要与她白头偕老。秋后，他们结为夫妻。丈夫违背先前的诺言，占有她的财物，并无情地抛弃了她。

忧心忡忡，出自《诗经·召南·草虫》："未见君子，忧心忡忡。"

释义：心事重重，十分忧愁。

故事：描写一个女子对丈夫的思念和见到丈夫的喜悦心情，这个女子去南山采摘野菜，见不到丈夫心里十分苦恼，她经常唱："未见君子，忧心忡忡。"

自求多福，出自《诗经·大雅·文王》："无念尔祖，聿修厥德。永言配命，自求多福。"

释义：求助自己比求助他人会得到更多的幸福。

故事：有一首诗夸颂周文王秉承了上帝的意志，灭掉殷商。文王不仅光宗耀祖，还使子孙百世做天子诸侯。他的子孙要以文王的德行作为榜样，以商纣作为借鉴，要经常自我反省，勤修贤德，奋发图强，自求多福。

万寿无疆，出自《诗经·豳风·七月》："称彼兕觥，万寿无疆。"

释义：祝人长寿。

故事：描写农奴的生活图景。农奴一年忙到头，过着吃不饱、穿不暖的生活，而农奴的主人每天都过着莺歌燕舞的生活，每年都要搞年终宴会，杀猪宰羊，登上父夜堂，端起酒杯互相祝福"万寿无疆"。①

## 二、楚辞

楚辞是屈原创作的一种新诗体。《楚辞》是中国文学史上第一部浪漫主义诗歌总集，全

---

① https://baike.baidu.com/item/%E8%AF%97%E7%BB%8F/168138? fr=ge_ala。

书以屈原的作品为主，其余各篇也都承袭屈赋的形式，感情奔放，想象奇特。《楚辞》部分作品因效仿楚辞的体例，有时也被称为"楚辞体"或"骚体"。"骚"，因其中的作品《离骚》而得名，故"后人或谓之骚"，与因《国风》而称为"风"的《诗经》相对，分别为中国现实主义与浪漫主义的鼻祖。后人也常以"风骚"代指诗歌，或以"骚人"称呼诗人。

屈原（约公元前340—公元前278年），战国时楚国诗人。后因楚国政治腐败，首都郢也被秦兵攻破，既无力挽救楚国的危亡，又深感政治理想无法实现，遂投汨罗江而死。他的作品有《离骚》《九章》《九歌》等。[①] 屈原画像如图4-2所示。

图4-2 屈原画像

拓展阅读

## 《离骚》（节选）

路漫漫其修远兮，吾将上下而求索。

饮余马于咸池兮，总余辔乎扶桑。

折若木以拂日兮，聊逍遥以相羊。

前望舒使先驱兮，后飞廉使奔属。

鸾皇为余先戒兮，雷师告余以未具。

吾令凤鸟飞腾兮，继之以日夜。

这部分主要描写屈原对未来道路和真理的探索与追求，表现了诗人坚持正义和理想、不屈不挠的斗争精神。

①　https://baike.baidu.com/item/%E6%A5%9A%E8%BE%9E/291160? fromModule=lemma_search-box.

### 三、汉乐府诗

公元前 112 年，汉乐府正式成立，负责收集编纂各地汉族民间音乐、整理改编与创作音乐、进行演唱及演奏等。汉乐府诗指由汉时乐府机关所采制的诗歌。这些诗歌，原本在民间流传，经由乐府保存下来，汉代叫作"歌诗"，魏晋时始称"乐府"或"汉乐府"。后世文人仿此形式所作的诗，亦称"乐府诗"。它是继《诗经》《楚辞》而起的一种新诗体。

汉乐府是继《诗经》之后，古代民歌的又一次大汇集，不同于《诗经》的是，它开创了诗歌现实主义的新风。汉乐府民歌中，女性题材作品占重要位置。它用通俗的语言构造贴近生活的作品，由杂言渐趋向五言，采用叙事写法，刻画人物细致入微，创造人物性格鲜明，故事情节较为完整，而且能突出思想内涵，着重描绘典型细节，开拓叙事诗发展成熟的新阶段，是中国诗史五言诗体发展的一个重要阶段。汉乐府在文学史上有极高的地位，其与《诗经》《楚辞》可鼎足而立。

《陌上桑》和《孔雀东南飞》都是汉乐府民歌，后者是我国古代最长的叙事诗。《孔雀东南飞》与《木兰诗》合称"乐府双璧"。汉代《孔雀东南飞》、北朝《木兰诗》和唐代韦庄《秦妇吟》并称"乐府三绝"。此外，《长歌行》中的"少壮不努力，老大徒伤悲"也是千古流传的名句。

新乐府是指唐人自立新题而作的乐府诗。初唐乐府诗，多袭用乐府旧题，但已有少数另立新题。这类新题乐府，至杜甫而大有发展，"即事名篇，无所依傍"。元结、韦应物、戴叔伦、顾况等也都有新题乐府之作，他们可以说是新乐府运动的先驱。安史之乱后，唐王朝走向衰落。贞元、元和年间，社会危机进一步暴露，一些有识之士对现实有了更清楚的认识，希望革除弊端，中兴王朝，反映在文坛上，便出现了韩愈、柳宗元倡导的古文运动和白居易、元稹倡导的新乐府运动。新乐府运动的基本宗旨是"文章合为时而著，歌诗合为事而作"（白居易《与元九书》）。①

### （一）汉代乐府诗的类别

从其内容来看，大约可以分为以下三类：

---

① https://baike.baidu.com/item/%E4%B9%90%E5%BA%9C/679491? fr=ge_ala.

### 1. 贵族文人所作之颂歌

郊庙歌辞：为祀天地、太庙、明堂、社稷所用；今存者有《郊祀歌》和《安世房中歌》。

燕射歌辞：为朝廷宴飨所用。

舞曲歌辞：分雅舞、杂舞。雅舞用于郊庙、燕飨；杂舞用于宴会。

### 2. 军乐

鼓吹曲辞：用短箫铙鼓的军乐。

横吹曲辞：用鼓角在马上吹奏的军乐。

### 3. 民间的歌辞

相和歌辞：为汉世街陌谣讴，起初只是人们随意吟诵，"后渐被之管弦，即为相和曲"。

清商曲辞：源自相和三调，内容多为反映当时人民的生活和思想感情。

杂曲歌辞：有写心志、抒情思、叙宴游、发怨愤、言战争行役，或缘于佛老，或出于夷虏，兼收并载，故称杂曲。

## （二）汉代乐府诗的题材内容

从其题材来看，大约可以分为以下六类。

### 1. 反映战争的痛苦

《战城南》反映了汉代人民惨痛的战争生活，给人的印象非常深刻。诗的前半部分描写激战的荒凉恐怖，后半部分则写平民为战争而荒废耕作，因而发出怨言，是暴露战争苦痛生活的写实诗篇。又如，《东光》反映出武帝征讨南越，军士流露出的悲怨感情，"苍梧多腐粟，无益诸军粮。诸军游荡子，早行多悲伤"，也是一篇反战作品。

### 2. 反映徭役的痛苦

《十五从军征》描写一个在外面征战 65 年的军人，到了 80 岁的高龄，回到家乡来，房屋破坏不堪，成了鸟兽的巢穴，亲故凋零，一无所有，肚子饿了，于是采着野谷葵草煮着作羹饭，但是在这种情景之下，怎能吃得下去呢？出门望着天边，眼泪不住地流下来了。诗中对于那种不合理的徭役制度和人民所受的苦难，做了无情的控诉。

### 3. 反映贫困

《妇病行》描写一个贫民家庭的悲惨景象。诗中写病妇临终托孤、丈夫对朋友哭诉，孤儿在空舍中啼号索母的情况，真实动人，令人凄酸。《孤儿行》描写了孤儿受虐待的遭遇，他的兄嫂把他看成奴隶和仇人，折磨他，欲将他置之死地。

《东门行》描写了一个城市下层平民为穷困所迫，拔剑而起，走上反抗道路的故事，反映了汉代社会底层人民的悲惨生活，以及他们在困境中勇敢反抗的精神。

### 4. 爱情

《有所思》描写一个女子知道爱人有二心的时候，恨不得立刻把正要送给他的礼物摧毁了，表示一刀两断的决心，但是当忆起当初定情幽会时的甜蜜生活时，便又觉得不能一刀两断，显出作者的痛苦矛盾。

《上邪》抒发一个女子对爱人的热烈表白，表明了生死不渝的爱情。她以火一般的热情表白，除了山川崩竭，天地毁灭，爱情不会终止！

《上山采蘼芜》叙述一个弃妇和故夫偶然重逢时一番简短的问答。它不从正面写弃妇的悲哀，反而写故夫的念旧，更显出女主人公的被弃是无辜的。尽管她的劳动比人强，容貌也不比人差，但还是不免于被抛弃，她的不幸仅仅由于男子的喜新厌旧罢了。

《孔雀东南飞》通过焦仲卿和刘兰芝的婚姻悲剧，揭露了封建礼教的罪恶，同时，热情地歌颂了二人忠于爱情、宁死不屈的精神。

《鸡鸣》《相逢行》和《长安有狭邪行》都描写当时富贵人家的奢侈享受，黄金为门，白玉为堂，堂上置酒作乐，中庭华灯煌煌，舍后珍禽罗列。子弟人人做官司，贵者至二千石。年轻妇女无事可做，调丝弄弦而已。

《陌上桑》则叙述了一个太守侮弄一个采桑女子，遭到严词斥责的故事。诗中揭露了官吏的荒淫无耻面目，同时，塑造了坚贞、勇敢、美丽的女性形象秦罗敷。

### 5. 人民的劳动生活

在汉乐府中，有不少是表现当时人民的劳动生活的。如《江南可采莲》是江南青年男女采莲时所唱的歌谣，一面工作，一面歌唱，表现了乡村男女集体劳动生活的快乐，和江南农村美丽的自然风光。

### 6. 饮酒求仙、人生无常

汉乐府诗亦有饮酒求仙的思想，是那些受神仙思想影响的知识分子在意识上的反映，如《善行哉》《西门行》《王子乔》等篇，都是这类作品。至于人生无常的作品，如《怨诗行》《驱车上东门》，主题都是怨叹人生无常，鼓吹"游乐当及时""游心恣所欲"，宣泄颓废没落的情绪。①

拓展阅读

## 十五从军征

十五从军征，八十始得归。

道逢乡里人，家中有阿谁？

遥看是君家，松柏冢累累。

兔从狗窦入，雉从梁上飞。

中庭生旅谷，井上生旅葵。

舂谷持作饭，采葵持作羹。

羹饭一时熟，不知贻阿谁？

出门东向看，泪落沾我衣。

## 江南

江南可采莲，

莲叶何田田。

鱼戏莲叶间。

鱼戏莲叶东，

鱼戏莲叶西，

鱼戏莲叶南，

鱼戏莲叶北。

---

① https：//baike. baidu. com/item/%E4%B9%90%E5%BA%9C/679491？ fr=ge_ala.

## 孔雀东南飞（节选）

孔雀东南飞，五里一徘徊。

"十三能织素，十四学裁衣，十五弹箜篌，十六诵诗书。十七为君妇，心中常苦悲。君既为府吏，守节情不移。贱妾留空房，相见常日稀。鸡鸣入机织，夜夜不得息。三日断五匹，大人故嫌迟。非为织作迟，君家妇难为！妾不堪驱使，徒留无所施。便可白公姥，及时相遣归。"

府吏得闻之，堂上启阿母："儿已薄禄相，幸复得此妇。结发同枕席，黄泉共为友。共事二三年，始尔未为久。女行无偏斜，何意致不厚。"

阿母谓府吏："何乃太区区！此妇无礼节，举动自专由。吾意久怀忿，汝岂得自由！东家有贤女，自名秦罗敷，可怜体无比，阿母为汝求。便可速遣之，遣去慎莫留！"

府吏长跪告："伏惟启阿母，今若遣此妇，终老不复取！"

《孔雀东南飞》如图 4-3 所示。

图 4-3 《孔雀东南飞》

## 四、赋

赋是我国古代的一种有韵文体，介于诗和散文之间，类似于后世的散文诗。其特点是"铺采摛文，体物写志"，侧重于写景，借景抒情。最早出现于诸子散文中，叫"短赋"；以屈原为代表的"骚体"是诗向赋的过渡，叫"骚赋"；汉代正式确立了赋的体例，称为"辞赋"；魏晋以后，日益向骈对方向发展，叫"骈赋"；唐代又由骈体转入律体，叫"律赋"；宋代以散文形式写赋，叫"文赋"。著名的赋有杜牧的《阿房宫赋》、曹植的《洛神赋》、欧阳修的《秋声赋》、苏轼的《前赤壁赋》、庾信的《哀江南赋》等。赋萌生于战国，兴盛于汉唐，衰于宋元明清。在汉唐时期，有只作赋而不写诗的文人，却几乎没有只作诗而不写赋的才子。司马相如、扬雄、班固、张衡四人被后世誉为"汉赋四大家"。[1]

拓展阅读

### 《阿房宫赋》（节选）

杜 牧

呜呼！灭六国者六国也，非秦也；族秦者秦也，非天下也。嗟乎！使六国各爱其人，则足以拒秦；使秦复爱六国之人，则递三世可至万世而为君，谁得而族灭也？秦人不暇自哀之，而后人哀之；后人哀之而不鉴之，亦使后人而复哀后人也。

### 《前赤壁赋》（节选）

苏 轼

清风徐来，水波不兴。举酒属客，诵明月之诗，歌窈窕之章。少焉，月出于东山之上，徘徊于斗牛之间。白露横江，水光接天。纵一苇之所如，凌万顷之茫然。浩浩乎如冯虚御风，而不知其所止；飘飘乎如遗世独立，羽化而登仙。

---

① https://baike.baidu.com/item/%E8%B5%8B/826635？fromModule=lemma_search-box.

# 《洛神赋》(节选)

## 曹 植

余告之曰:其形也,翩若惊鸿,婉若游龙,荣曜秋菊,华茂春松。髣髴兮若轻云之蔽月,飘飖兮若流风之回雪;远而望之,皎若太阳升朝霞;迫而察之,灼若芙蕖出渌波。秾纤得衷,修短合度。肩若削成,腰如约素。延颈秀项,皓质呈露,芳泽无加,铅华弗御。云髻峨峨,修眉联娟,丹唇外朗,皓齿内鲜。明眸善睐,靥辅承权,瑰姿艳逸,仪静体闲。柔情绰态,媚于语言。奇服旷世,骨像应图。披罗衣之璀粲兮,珥瑶碧之华琚。戴金翠之首饰,缀明珠以耀躯。践远游之文履,曳雾绡之轻裾。微幽兰之芳蔼兮,步踟蹰于山隅。

于是忽焉纵体,以遨以嬉。左倚采旄,右荫桂旗。攘皓腕于神浒兮,采湍濑之玄芝。

## 五、魏晋南北朝时期诗歌

"三曹"是汉魏时期曹操与其子曹丕、曹植的合称。因他们父子兄弟在政治上的地位和文学上的成就,都对当时的文坛很有影响,是建安文学的代表,所以后人称其"三曹"。他们因为经历了战争,所以对生活都颇有感悟,于是他们把现实情况跟汉代的乐府民歌结合起来,创作了很多作品,从而来反映当时的社会情况。

这个时期的诗歌有田园、山水、咏怀等主题,其中的山水诗初现于东晋后期,到了南朝宋时期发展得非常繁荣,代表人物有两个。第一个代表人物是出生于 385 年的谢灵运,他出身于名门望族,曾经在南朝担任官职。由于他的当官之路并不顺心,再加上自己本身的家庭环境比较好,所以他很喜欢,游山玩水。在这个过程中,他创作了很多跟山水有关的作品,对山水景色的刻画非常注重,还把自己的情感以及生活感悟融入其中。

第二个代表人物是陶渊明,他出生的时候家族已经衰落了,经过努力,他走上仕途。在东晋时期,他曾经当过一个地方的县令,后来辞去官职,过上了田园生活。他亲自下田耕种,同时还跟农民成为朋友。经过长时间的生活,他爱上了农村安静、休闲的生活,以及那种自己耕作的乐趣，所以他便创作了大量作品来反映他的这种生活。这些作品都表达了他对安定、恬静生活的向往，以及对名声与利益的轻视，也借用作品表达了他对现实的不满，如批评了对百姓所收取的苛捐杂税。①

当时的代表人物还有"竹林七贤"，指的是三国魏正始年间（240—249 年）的嵇康、阮籍、山涛、向秀、刘伶、王戎及阮咸七人；先有"七贤"之称，后因常在当时的山阳县（今河南省新乡市辉县和河南省焦作市修武县交界一带）竹林之下，喝酒、纵歌、肆意酣畅，于是与地名竹林合称，世谓"竹林七贤"。"竹林七贤"的作品基本上继承了建安文学的精神，但由于当时的血腥统治，作家不能直抒胸臆，所以不得不采用比兴、象征、神话等手法，隐晦曲折地表达自己的思想感情。

**拓展阅读**

## 木兰诗/木兰辞

唧唧复唧唧，木兰当户织。不闻机杼声，惟闻女叹息。

问女何所思，问女何所忆。女亦无所思，女亦无所忆。昨夜见军帖，可汗大点兵。军书十二卷，卷卷有爷名。阿爷无大儿，木兰无长兄。愿为市鞍马，从此替爷征。

东市买骏马，西市买鞍鞯，南市买辔头，北市买长鞭。旦辞爷娘去，暮宿黄河边。不闻爷娘唤女声，但闻黄河流水鸣溅溅。旦辞黄河去，暮至黑山头。不闻爷娘唤女声，但闻燕山胡骑鸣啾啾。

万里赴戎机，关山度若飞。朔气传金柝，寒光照铁衣。将军百战死，壮士十年归。

归来见天子，天子坐明堂。策勋十二转，赏赐百千强。可汗问所欲，木兰不用尚书郎，愿驰千里足，送儿还故乡。

爷娘闻女来，出郭相扶将；阿姊闻妹来，当户理红妆；小弟闻姊来，磨刀霍霍向猪羊。开我东阁门，坐我西阁床。脱我战时袍，著我旧时裳。当窗理云鬓，

---

① https://baike.baidu.com/item/%E4%B8%89%E6%9B%B9/3386?fr=ge_ala.

对镜贴花黄。出门看火伴，火伴皆惊忙：同行十二年，不知木兰是女郎。

雄兔脚扑朔，雌兔眼迷离；双兔傍地走，安能辨我是雄雌？

## 观沧海

曹　操

东临碣石，以观沧海。

水何澹澹，山岛竦峙。

树木丛生，百草丰茂。

秋风萧瑟，洪波涌起。

日月之行，若出其中；

星汉灿烂，若出其里。

幸甚至哉，歌以咏志。

## 龟虽寿

曹　操

神龟虽寿，犹有竟时。

腾蛇乘雾，终为土灰。

老骥伏枥，志在千里。

烈士暮年，壮心不已。

盈缩之期，不但在天；

养怡之福，可得永年。

幸甚至哉，歌以咏志。

## 燕歌行二首·其一

曹 丕

秋风萧瑟天气凉，草木摇落露为霜，群燕辞归鹄南翔。

念君客游思断肠，慊慊思归恋故乡，君何淹留寄他方。

贱妾茕茕守空房，忧来思君不敢忘，不觉泪下沾衣裳。

援琴鸣弦发清商，短歌微吟不能长。

明月皎皎照我床，星汉西流夜未央。

牵牛织女遥相望，尔独何辜限河梁。

## 归园田居·其一

陶渊明

少无适俗韵，性本爱丘山。

误落尘网中，一去三十年。

羁鸟恋旧林，池鱼思故渊。

开荒南野际，守拙归园田。

方宅十余亩，草屋八九间。

榆柳荫后檐，桃李罗堂前。

暧暧远人村，依依墟里烟。

狗吠深巷中，鸡鸣桑树颠。

户庭无尘杂，虚室有余闲。

久在樊笼里，复得返自然。

陶渊明画像如图4-4所示。

图 4-4 陶渊明画像

## 桃花源记

陶渊明

晋太元中，武陵人捕鱼为业。缘溪行，忘路之远近。忽逢桃花林，夹岸数百步，中无杂树，芳草鲜美，落英缤纷。渔人甚异之，复前行，欲穷其林。

林尽水源，便得一山，山有小口，仿佛若有光。便舍船，从口入。初极狭，才通人。复行数十步，豁然开朗。土地平旷，屋舍俨然，有良田、美池、桑竹之属。阡陌交通，鸡犬相闻。其中往来种作，男女衣着，悉如外人。黄发垂髫，并怡然自乐。

见渔人，乃大惊，问所从来。具答之。便要还家，设酒杀鸡作食。村中闻有此人，咸来问讯。自云先世避秦时乱，率妻子邑人来此绝境，不复出焉，遂与外人间隔。问今是何世，乃不知有汉，无论魏晋。此人一一为具言所闻，皆叹惋。

余人各复延至其家，皆出酒食。停数日，辞去。此中人语云："不足为外人道也。"

既出，得其船，便扶向路，处处志之。及郡下，诣太守，说如此。太守即遣人随其往，寻向所志，遂迷，不复得路。

南阳刘子骥，高尚士也，闻之，欣然规往。未果，寻病终，后遂无问津者。

## 六、唐诗

唐诗是中华民族珍贵的文化遗产之一，是中华文化宝库中的一颗明珠，同时，也对世界上许多民族和国家的文化产生了很大影响，对于后世研究唐代的政治、民情、风俗、文化等都有重要的参考意义和价值。

唐诗的体裁基本分为六种：五言古体诗、七言古体诗、五言绝句、七言绝句、五言律诗、七言律诗。

唐诗按内容可分为山水田园诗、边塞诗、怀古诗、送别诗、思乡诗等。

唐诗的发展共分为以下四个时期：

### （一）初唐时期

代表人物："初唐四杰"——王勃、杨炯、卢照邻、骆宾王；此外，还有陈子昂、沈佺期、宋之问等。

### （二）盛唐时期

主要有以下代表派别：

#### 1. 山水田园诗派

代表诗人有王维、孟浩然等；题材多青山白云、幽人隐士；风格多恬静雅淡，富于阴柔之美；形式多五言古诗、五绝、五律；代表作有王维《山居秋暝》《九月九日忆山东兄弟》，孟浩然《过故人庄》。

#### 2. 边塞诗派

代表诗人有高适、岑参、王昌龄、李益、王之涣、李颀；诗中描写战争与战场，表现保家卫国的英勇精神，或描写雄浑壮美的边塞风光、奇异的风土人情，或描写战争的残酷、军中的黑暗、征戍的艰辛，表达民族和睦的向往与情怀；代表作有王昌龄《从军行》《出塞》，高适《别董大》《塞下曲》，岑参《白雪歌送武判官归京》，王之涣《凉州词》。

### 3. 浪漫诗派

代表诗人有李白等；诗中以抒发个人情怀为中心，咏唱对自由人生的渴望与追求；诗词自由、奔放、顺畅、想象丰富、气势宏大；语言主张自然，反对雕琢；代表作有李白《蜀道难》《梦游天姥吟留别》《将进酒》。

### 4. 现实诗派

代表诗人有杜甫等；诗歌艺术风格沉郁顿挫，多表现忧时伤世、悲天悯人的情怀；代表作有杜甫《三吏》《三别》《茅屋为秋风所破歌》《春望》。

### （三）中唐时期

中唐时期分为前期与后期，前期唐诗创作处于低潮，后期则重现繁荣景象。代表人物及代表作如白居易《长恨歌》《琵琶行》，刘禹锡《乌衣巷》，李贺《雁门太守行》。

### （四）晚唐时期

晚唐诗人较著名的有温庭筠、李商隐、杜牧、韦庄等；其中，李商隐和杜牧被人们称为"小李杜"；代表作有李商隐《锦瑟》《夜雨寄北》，杜牧《赤壁》《泊秦淮》。

唐朝是中国历史上空前强大的统一的帝国（疆域约1100多万平方公里），是当时世界上最先进、文明的国家之一。在唐朝鼎盛时期，不仅物质富庶繁华，而且文化也极其繁荣，诗歌更是发展到了封建社会的顶峰，是中华诗歌史上高度成熟的黄金时代。其主要原因如下：

（1）经济的繁荣发展，给文学的兴盛提供了物质保障和广泛的来源。

（2）前代文学的积累，为唐诗奠定了坚实的基础。唐代诗人是在前人的文化遗产上发扬光大，才有可能兼收并蓄，取人之长，推陈出新，把中华诗歌文化推向新的高峰。

（3）科举制度的实行，为唐诗的发展提供了环境支持。考试内容中有诗（诗歌概括性强）、赋（文彩韵章），而且皇帝也热爱诗歌，这必然造成重视诗歌的社会风气，因而文人的社会地位也得到了极大的提高。

（4）唐朝政治开明，特别是在宗教和文化上，对儒家、释家、道家都提倡，允许外来宗教在国内传布，这对于人们开阔眼界，活跃思想，促进文艺的发展，各种风格流派的形成，是极有益的因素。同时，唐朝国力强大，统治者对自身充满信心，因而基本上没有"文字狱"，所以文人胆子都比较大（如李白遭谗，也就是赐金放还而已），所以，文人及诗歌体裁宽广，反映的社会问题迅速而尖锐。[1]

**拓展阅读**

### 1. 唐诗

#### 登幽州台歌

陈子昂

前不见古人，后不见来者。
念天地之悠悠，独怆然而涕下。

#### 咏鹅

骆宾王

鹅，鹅，鹅，
曲项向天歌。
白毛浮绿水，
红掌拨清波。

#### 出塞

王昌龄

秦时明月汉时关，
万里长征人未还。
但使龙城飞将在，
不教胡马度阴山。

---

[1] https://baike.baidu.com/item/%E5%94%90%E8%AF%97/21033.

# 将进酒

### 李　白

君不见，黄河之水天上来，奔流到海不复回。

君不见，高堂明镜悲白发，朝如青丝暮成雪。

人生得意须尽欢，莫使金樽空对月。

天生我材必有用，千金散尽还复来。

烹羊宰牛且为乐，会须一饮三百杯。

岑夫子，丹丘生，将进酒，杯莫停。

与君歌一曲，请君为我倾耳听。

钟鼓馔玉不足贵，但愿长醉不复醒。

古来圣贤皆寂寞，惟有饮者留其名。

陈王昔时宴平乐，斗酒十千恣欢谑。

主人何为言少钱，径须沽取对君酌。

五花马，千金裘，呼儿将出换美酒，与尔同销万古愁。

李白《将进酒》如图 4-5 所示。

图 4-5　李白《将进酒》

# 白雪歌送武判官归京

岑 参

北风卷地白草折，胡天八月即飞雪。

忽如一夜春风来，千树万树梨花开。

散入珠帘湿罗幕，狐裘不暖锦衾薄。

将军角弓不得控，都护铁衣冷难着。

瀚海阑干百丈冰，愁云惨淡万里凝。

中军置酒饮归客，胡琴琵琶与羌笛。

纷纷暮雪下辕门，风掣红旗冻不翻。

轮台东门送君去，去时雪满天山路。

山回路转不见君，雪上空留马行处。

# 闻官军收河南河北

杜 甫

剑外忽传收蓟北，初闻涕泪满衣裳。

却看妻子愁何在，漫卷诗书喜欲狂。

白日放歌须纵酒，青春作伴好还乡。

即从巴峡穿巫峡，便下襄阳向洛阳。

杜甫《闻官军收河南河北》如图 4-6 所示。

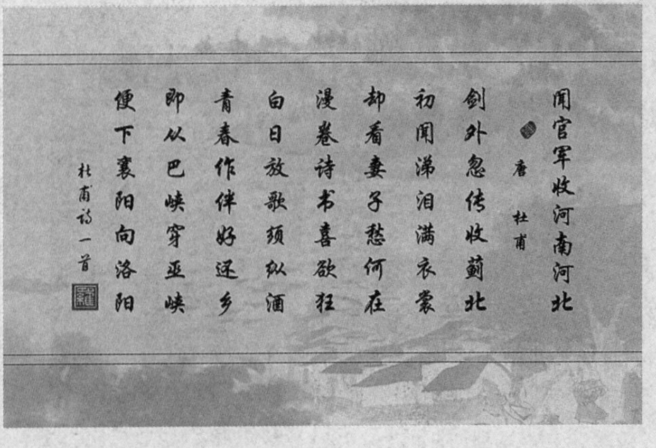

图 4-6 杜甫《闻官军收河南河北》

## 2. 铁杵成针的故事

相传，李白儿时在四川象耳山读书。有一天逃学下山，经过一条小山涧，见到一位老奶奶在山洞旁磨铁杵。李白觉得很奇怪，走上前询问，老奶奶回答说要用铁杵磨针。一根粗铁杵要磨成一根细小的针谈何容易，但老奶奶信心十足，她说："只要功夫深，铁杵磨成针。"此后，李白就打消逃学念头，下功夫读书了。他既学文又习武，专门学习剑术，决心要做一个满腔侠义的游侠。若干年后，李白终不负天赋才华，写下大量流芳千古的不朽诗篇。

## 3. 飞花令

飞花令原本是古人行酒令时的一个文字游戏，源自古人的诗词之趣，得名于唐代诗人韩翃《寒食》中的名句"春城无处不飞花"。古代的飞花令，要求对令人所对出的诗句和行令人吟出的诗句格律一致，而且规定好的字出现的位置同样有着严格要求。当代的一些电视节目当中，对飞花令进行了一定的改良。如下面三组飞花令：

第一组：

（1）花钿委地无人收——唐·白居易《长恨歌》

（2）梨花一枝春带雨—— 唐 · 白居易 《长恨歌》

（3）感时花溅泪—— 唐 · 杜甫 《春望》

（4）映日荷花别样红—— 宋 · 杨万里 《晓出净慈寺送林子方》

（5）东风夜放花千树—— 宋 · 辛弃疾 《青玉案·元夕》

（6）千树万树梨花开—— 唐 · 岑参 《白雪歌送武判官归京》

（7）故穿庭树作飞花—— 唐 · 韩愈 《春雪》

第二组：

（1）花自飘零水自流—— 宋 · 李清照 《一剪梅·红藕香残玉簟秋》

（2）春花秋月何时了—— 五代 · 李煜 《虞美人·春花秋月何时了》

（3）树头花落未成阴—— 宋 · 杨万里 《宿新市徐公店》

（4）流水落花春去也—— 五代 · 李煜 《浪淘沙令·帘外雨潺潺》

（5）云破月来花弄影—— 宋 · 张先 《天仙子·水调数声持酒听》

（6）沾衣欲湿杏花雨—— 宋 · 志南 《绝句·古木阴中系短篷》

（7）闲敲棋子落灯花—— 宋 · 赵师秀 《约客》

第三组：

（1）花径不曾缘客扫。——唐·杜甫《客至》

（2）杨花榆荚无才思。——唐·韩愈《晚春二首·其一》

（3）自是花中第一流。——宋·李清照《鹧鸪天·桂花》

（4）飞絮飞花何处是。——清·纳兰性德《临江仙·寒柳》

（5）云想衣裳花想容。——唐·李白《清平调·其一》

（6）牧童遥指杏花村。——唐·杜牧《清明》

（7）一日看尽长安花。——唐·孟郊《登科后》

## 七、宋词

词，初名"曲""曲子词"，简称"词"，又名"乐府""乐章""琴趣"，还被称作"诗余""歌曲""长短句"。词兴起于隋唐，盛行于宋，并在宋代发展到高峰。

每首词都有一个表示音乐性的词牌，如《菩萨蛮》《满江红》等。基于音乐的遍数，一首首词分作数段，一段叫作"一片"，"片"也叫作"阕"。"阕"原是乐终的意思。一首词的两段分别称上、下片或上、下阕。词虽分片，仍属一首。

盛唐时期，李白的《菩萨蛮》《忆秦娥》二词被誉为"百代词曲之祖"。中唐时，有民间词特色，张志和的《渔歌子》被称为"风流千古之名作"。白居易的《忆江南》也是词中小令的杰作。晚唐时期，词与诗并驾齐驱，代表人物为温庭筠（花间派鼻祖）。

南唐时，词经李璟、李煜、冯延巳等发展。

宋词是继唐诗之后的又一种文学体裁，基本分为婉约派（包括花间派）与豪放派两大类。

北宋前期的词坛，承续晚唐、五代，以欧阳修、晏殊为首的文人代表，在词中主要反映贵族士大夫闲适自得的生活及其流连光景、伤感时序的愁情，主要风格是婉约艳丽。

北宋中期，婉约、豪放并举。

宋词的第一个里程碑——柳词。北宋词至柳永而一变，柳永发展了长调的体制，善于用民间俚俗的语言和铺叙的手法，组织较为复杂的内容，用来反映中下层市民的生活面貌。（柳永发展了婉约派词风）

宋词的第二个里程碑——苏轼。苏轼倡导豪放的词风，拓展了词的境界。他的词广泛反映社会生活：爱情离情、亲情友情、理想抱负、古代英雄、城乡风光、人民生活。他开创豪放中带有清旷的词风，使词摆脱了作为音乐附庸的地位，成为一种独立的抒情诗体。

北宋后期，代表词人秦观、周邦彦。秦观的词创造了凄迷伤感的意境，抒发了忧郁落寞的情怀，着力表现了一种忧郁美。北宋末年，出现了另一大词家是周邦彦，他是婉约派的集大成者，开创了格律派，世称"柳俗、苏豪、周律"。

南宋前期，由于民族矛盾尖锐，从宋金抗争到元蒙灭宋，爱国歌声始终回荡词坛，悲壮慷慨之调应运发展，把豪放词风提高到一个新层次；代表人物有岳飞、张孝祥、陆游、辛弃疾、文天祥等。

南宋后期，由于时局的变化，词坛上以婉约派为主，主要风格是伤感低吟；代表人物有姜夔、张炎。

词的起源虽早，但词的发展高峰则是在宋代，因此，后人便把词看作是宋代最有代表性的文学，与唐代诗歌并列，有了所谓"唐诗、宋词"的说法。

宋词的现代价值如下：

（1）高昂而深沉的爱国之情、献身之志。

（2）乐观积极的生活态度。

（3）极高的审美价值。①

## 拓展阅读

1. 宋词

### 永遇乐·京口北固亭怀古

辛弃疾

千古江山，英雄无觅孙仲谋处。舞榭歌台，风流总被雨打风吹去。斜阳草树，寻常巷陌，人道寄奴曾住。想当年，金戈铁马，气吞万里如虎。

元嘉草草，封狼居胥，赢得仓皇北顾。四十三年，望中犹记，烽火扬州路。可堪回首，佛狸祠下，一片神鸦社鼓。凭谁问：廉颇老矣，尚能饭否？

---

① https://baike. baidu. com/item/%E5%AE%8B%E8%AF%8D/365879? fromModule=lemma_search-box.

## 如梦令·常记溪亭日暮

李清照

常记溪亭日暮，沉醉不知归路。

兴尽晚回舟，误入藕花深处。

争渡，争渡，惊起一滩鸥鹭。

## 江城子·密州出猎

苏 轼

老夫聊发少年狂，左牵黄，右擎苍，锦帽貂裘，千骑卷平冈。为报倾城随太守，亲射虎，看孙郎。

酒酣胸胆尚开张，鬓微霜，又何妨！持节云中，何日遣冯唐？会挽雕弓如满月，西北望，射天狼。

苏轼《江城子·密州出猎》如图4-7所示。

图4-7 苏轼《江城子·密州出猎》

## 江城子·乙卯正月二十日夜记梦

### 苏 轼

十年生死两茫茫，不思量，自难忘。

千里孤坟，无处话凄凉。

纵使相逢应不识，尘满面，鬓如霜。

夜来幽梦忽还乡，小轩窗，正梳妆。

相顾无言，惟有泪千行。

料得年年肠断处，明月夜，短松冈。

2. 王国维《人间词话》的三种境界

王国维在《人间词话》中提出："古今之成大事业、大学问者，必经过三种之境界。'昨夜西风凋碧树，独上高楼，望尽天涯路'，此第一境也；'衣带渐宽终不悔，为伊消得人憔悴'，此第二境也；'众里寻他千百度，蓦然回首，那人却在灯火阑珊处'，此第三境也。此等语皆非大词人不能道。然遽以此意解释诸词，恐晏、欧诸公所不许也。"

3. 东坡肉的故事

"东坡肉"这道菜不是苏东坡命名的，却是苏东坡发明的，是以后人以他的名字来命名。当时，苏东坡在杭州做官，治理西湖，替老百姓做了一件好事，百姓为感谢他，于是过年时就给他送肉。苏东坡收下肉，让人把肉切成方块，加入佐料上锅蒸煮，然后把做好的肉分给治理西湖的民工。他们吃完后发现不错，于是慢慢传开，后人就叫它"东坡肉"了。

## 八、元曲

元曲又称长短句，是盛行于元代的一种文艺形式，包括杂剧和散曲，有时专指杂剧。元曲是中华民族灿烂文化宝库中的一朵灿烂的花朵，它在思想内容和艺术成就上都体现了独有的特色，和唐诗、宋词、明清小说鼎足并举，成为我国文学史上一座重要的里程碑。

元曲以其作品揭露现实的深刻，以及题材的广泛、语言的通俗、形式的活泼、风格的清新、描绘的生动、手法的多变，在中国古代文学艺苑中放射着璀璨夺目的异彩。隋代以前，属于戏曲的萌芽时期；到了宋代，中国戏曲趋于成熟；元代时，则出现了戏曲的繁荣兴盛的局面，所以元曲光耀史册，成为这一文学形式的典范。

元曲四大家：关汉卿、马致远、郑光祖、白朴。关汉卿位于"元曲四大家"之首。

元曲三要素：唱（唱词）、科（动作）、白（对白）。

元曲的代表作：《窦娥冤》《天净沙·秋思》等。

元曲四大悲剧：关汉卿《窦娥冤》、白朴《梧桐雨》、马致远《汉宫秋》、纪君祥《赵氏孤儿》。

元曲四大爱情剧：关汉卿《拜月亭》、王实甫《西厢记》、白朴《墙头马上》、郑光祖《倩女离魂》。

关汉卿《窦娥冤》如图 4-8 所示。

图 4-8　关汉卿《窦娥冤》

## 第二节　古代散文

### 一、概述

散文这个名称，随着文学的发展，其含义及范围也在不断演变。我国古代把与韵文、骈体文相对的散体文章称为"散文"，即除诗、词、曲、赋之外，无论是文学作品还是非文学作品，都称为"散文"。

## 二、先秦散文

先秦散文是我国古典散文的一个重要发展时期，指的是后殷商到战国末年这一段时期的散文。以目前的文献资料来看，我国最早的"书面文学"应起于商朝的甲骨卜辞及铜器铭文，它们包括了韵文和散文的记载，这就是散文的起源。在春秋战国时代，社会文化变迁，给散文提供了一个很好的孕育、发展环境，使散文迈向中国古典散文的第一个黄金时代。

先秦散文可分为两类：一类是史学家用以记述历史事件和历史人物为主的历史散文，如《春秋》《左传》《尚书》《国语》《战国策》等；另一类是哲学家用以议论、说理的散文，通称诸子散文，如《论语》《孟子》《庄子》《墨子》《荀子》《韩非子》等。

先秦散文对后世影响深远。

**拓展阅读**

### 曹刿论战

十年春，齐师伐我。公将战，曹刿请见。其乡人曰："肉食者谋之，又何间焉？"刿曰："肉食者鄙，未能远谋。"遂入见。问："何以战？"公曰："衣食所安，弗敢专也，必以分人。"对曰："小惠未遍，民弗从也。"公曰："牺牲玉帛，弗敢加也，必以信。"对曰："小信未孚，神弗福也。"公曰："小大之狱，虽不能察，必以情。"对曰："忠之属也，可以一战。战则请从。"

公与之乘，战于长勺。公将鼓之，刿曰："未可。"齐人三鼓。刿曰："可矣。"齐师败绩。公将驰之，刿曰："未可。"下，视其辙，登轼而望之，曰："可矣。"遂逐齐师。

既克，公问其故。对曰："夫战，勇气也。一鼓作气，再而衰，三而竭。彼竭我盈，故克之。夫大国，难测也，惧有伏焉。吾视其辙乱，望其旗靡，故逐之。"

——《左传·庄公十年》

## 三、汉代散文

秦代短暂，能称得上有成就的散文作家仅李斯一人，其《谏逐客书》是劝阻秦始皇驱逐非秦国人而作的名篇。

到了汉代，散文继续发展起来，取得了很高的成就，在中国文学史上有重要地位。

### （一）司马迁和他的《史记》

《史记》是中国第一部纪传体的通史，全书一百三十篇，五十二万六千五百余字，包括十二本纪、三十世家、七十列传、十表、八书，对后世的影响极为巨大，被称为"实录、信史"，被鲁迅先生誉为"史家之绝唱，无韵之离骚"，列为"前四史"之首，与《资治通鉴》并称"史学双璧"。《史记》在中国古代散文的发展史上起了承先启后的作用，集先秦之大成，为后世之楷模，不仅在史学上的地位是空前的，在文学史上的地位也是极高的。

### （二）两汉其他散文

有政论散文，如贾谊的《过秦论》《治安策》、晁错的《论贵粟疏》《言兵事疏》。

有史传散文，除《史记》外，还有东汉班固的《汉书》（或称《前汉书》）。

有哲理散文，如刘安的《淮南子》、王充的《论衡》。

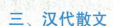

拓展阅读

### 《史记》经典名言

（1）燕雀安知鸿鹄之志哉。　　　　　　　　　　——《史记·陈涉世家》

（2）能行之者未必能言，能言之者未必能行。　——《史记·孙子吴起列传》

（3）士为知己者死，女为悦己者容。　　　　　——《史记·刺客列传》

（4）其身正，不令而行；其身不正，虽令不从。　——《史记·儒林列传》

（5）此一人之身，富贵则亲戚畏惧之，贫贱则轻易之，况众人乎！

　　　　　　　　　　　　　　　　　　　　　——《史记·苏秦列传》

（6）智者千虑，必有一失；愚者千虑，必有一得。——《史记·淮阴侯列传》

（7）天下熙熙，皆为利来；天下攘攘，皆为利往。——《史记·货殖列传》

（8）桃李不言，下自成蹊。 ——《史记·李将军列传》

（9）苟富贵，无相忘。 ——《史记·陈涉世家》

（10）祸不妄至，福不徒来。 ——《史记·龟策列传》

## 四、魏晋南北朝散文

此时的散文，有王羲之的《兰亭集序》、陶渊明的《五柳先生传》《桃花源记》、刘义庆的《世说新语》、郦道元的《水经注》、杨衒之《洛阳伽蓝记》等佳作。

## 五、唐代散文

唐的统一为文学的发展提供了新的环境和可能。初唐时期骈文盛行，大多歌功颂德、粉饰太平，内容愈加空洞浮夸。而"初唐四杰"和陈子昂的散文，代表了初唐文风的改革。

中唐时期韩愈和柳宗元举起复古的旗帜，提倡古文，反对骈文。他们提出"文以载道"的口号，不仅大力倡导古文，而且身体力行，大量创作古文，在实践上也很有成就，代表作品有韩愈的《师说》《进学解》《送孟东野序》、柳宗元的《种树郭橐驼传》《捕蛇者说》《永州八记》等。

### 拓展阅读

## 师说（节选）

### 韩愈

古之学者必有师。师者，所以传道受业解惑也。人非生而知之者，孰能无惑？惑而不从师，其为惑也，终不解矣。生乎吾前，其闻道也固先乎吾，吾从而师之；生乎吾后，其闻道也亦先乎吾，吾从而师之。吾师道也，夫庸知其年之先后生于吾乎？是故无贵无贱，无长无少，道之所存，师之所存也。

……

圣人无常师。孔子师郯子、苌弘、师襄、老聃。郯子之徒，其贤不及孔子。孔子曰：三人行，则必有我师。是故弟子不必不如师，师不必贤于弟子，闻道有先后，术业有专攻，如是而已。

### 六、宋代散文

北宋中期，欧阳修和苏轼先后倡导诗文革新运动，与苏洵、苏辙、曾巩和王安石及唐代的韩愈、柳宗元，并称"唐宋古文八大家"，其文兼有历史散文之事、哲理散文之理以及魏晋南北朝之情，散文至此达到巅峰，在中国散文史上留下了浓墨重彩的一笔。

代表作品有欧阳修的《醉翁亭记》、苏轼的《记承天寺夜游》、苏洵的《六国论》、苏辙的《黄州快哉亭记》、曾巩的《墨池记》。

**拓展阅读**

#### 醉翁亭记（节选）

欧阳修

醉翁之意不在酒，在乎山水之间也。山水之乐，得之心而寓之酒也。

若夫日出而林霏开，云归而岩穴暝，晦明变化者，山间之朝暮也。野芳发而幽香，佳木秀而繁阴，风霜高洁，水落而石出者，山间之四时也。朝而往，暮而归，四时之景不同，而乐亦无穷也。

#### 记承天寺夜游

苏轼

元丰六年十月十二日夜，解衣欲睡，月色入户，欣然起行。念无与为乐者，遂至承天寺寻张怀民。怀民亦未寝，相与步于中庭。庭下如积水空明，水中藻、荇交横，盖竹柏影也。何夜无月？何处无竹柏？但少闲人如吾两人者耳。

（参考文献：刘振东.中国古代散文发展史新编［M］.上海：上海古籍出版社，2020）

## 第三节　古代小说

### 一、明清小说

明清时期是中国小说史上的繁荣时期。从明代开始，小说这种文学形式充分显示出其社会作用和文学价值，打破了正统诗文的垄断，在文学史上取得与唐诗、宋词、元曲并列的地位。清代则是中国古典小说盛极而衰并向近现代小说转变的时期。古代小说在魏晋南北朝时期初具规模，志人志怪，为明清小说的繁荣准备了条件。元末明初，在话本的基础上，产生了长篇章回小说《三国演义》《水浒传》《西游记》等；比较著名的清代长篇小说还有《儒林外史》《醒世姻缘传》《隋唐演义》《说岳全传》《三侠五义》《女仙外史》《镜花缘》《雷峰塔传奇》等。

《三国演义》（罗贯中）、《水浒传》（施耐庵）、《西游记》（吴承恩）、《金瓶梅》（兰陵笑笑生）被称为明代"四大奇书"；《儒林外史》（吴敬梓）、《红楼梦》（曹雪芹）被称为"清代双璧"。

《儒林外史》和《红楼梦》是为封建制度及其文化传统唱出的一曲挽歌，这两部伟大作品，成功之处在于对封建制度及传统文化进行了深刻的反思，而这一点正是中国文化走向现代的最初步履，是宣告中国文化即将转型的一线曙光。

## 拓展阅读

1. 清代小说中的典型人物

清代小说中塑造了一些典型人物形象，如《红楼梦》中的贾宝玉、林黛玉、薛宝钗、王熙凤，《儒林外史》中的范进、匡超人、马二先生，《聊斋志异》中的杨万石（《马介甫》），《三侠五义》中的锦毛鼠白玉堂、翻江鼠蒋平，《说岳全传》中的牛皋，他们列入中国小说史上的典型人物画廊毫无愧色。和明代小说比较起来，这些成功的人物形象更接近于生活，缩短了和读者的距离。他们大多是平凡生活中的平凡人，读者随时随地都可以在周围遇上类似的人，因而感到可亲可信。作者在描写时，没有把他们神化，更没有涂抹夸张的笔墨。[①]

2.《西游记》中孙悟空的七十二变

通幽、驱神、担山、禁水、借风、布雾、祈晴、祷雨、坐火、入水、掩日、御风、煮石、吐焰、吞刀、壶天、神行、履水、杖解、分身、隐形、续头、定身、斩妖、请仙、追魂、摄魂、招云、取月、搬运、嫁梦、支离、寄杖、断流、

---

① https://baike.baidu.com/item/%E6%98%8E%E6%B8%85%E5%B0%8F%E8%AF%B4/280556.

禳灾、解厄、黄白、剑术、射覆、土行、星数、布阵、假形、喷化、指化、尸解、移景、招来、逐去、聚兽、调禽、气禁、大力、透石、生光、障服、导引、服食、开壁、跃岩、萌头、登抄、喝水、卧雪、暴日、弄丸、符水、医药、知时、识地、辟谷、魇祷。[①]

## 第四节　中国古代文学的现代意义

第一，中国古代文学是传统文化中最易被现代人理解并接受的一部分。中国古代文学的作者通过作品生动地展现了当时的社会环境、当时社会中各类人物的形态、各个社会阶层的生活状态，向后人展示出了一幅生动、形象的中国历史发展画卷；并且从作品中体现出作者对当时社会的观点及想法，或平淡、张扬，或讽刺、满足，或现实、想象……而从中展现出的爱国主义精神、自强不息的奋斗精神、乐观向上的积极热情，更是让后人津津乐道，这是其他艺术形式无法比拟的。

第二，学习中国古代文学，有助于增强中国人的民族自豪感、社会责任感与使命感，有利于中华民族的团结。中国古代文学以生动、具体的形式体现了中国文化的基本精神和中华民族的基本特征，广大爱国的文人骚客在其作品中体现出的忧国忧民的爱国主义精神、塑造的与现实生活极其贴近的人物形象、展现的以"人"为中心的现实社会环境，无一不体现着中华文化"以人为本"的核心思想。古代文学作品中出现的人物形象几乎均以现实人物为基础，而不是西方文化中的虚构出的"神"，也体现着中华文化强烈的人文关怀，对今天有极大的指导意义。而这种文化传承，需要当代大学生的共同努力，我们要取其精华、去其糟粕，以传承中华优秀传统文化为己任，为中华优秀传统文化的传承尽一份自己的力量！

 学习与思考

1. 学习古代文学对你所学专业有何益处？

2. 怎样用古代文学中的思想指导实际学习？

---

① https://baike.baidu.com/item/%E6%98%8E%E6%B8%85%E5%B0%8F%E8%AF%B4/280556.

# 第五章　源远流长的礼仪文化

**教学目标**

1. 追溯中国古代礼仪的形成与发展。
2. 了解古代礼制的内容。
3. 了解贯穿整个生命过程的人生礼仪。
4. 大学生学习礼仪的重要意义。

**重点难点**

通过对古代礼仪的学习和了解，融会贯通，体会大学生文明礼仪的重要性。

**引　　文**

2016 年 7 月 1 日，习近平总书记在庆祝中国共产党成立 95 周年大会上提出："在 5000 多年文明发展中孕育的中华优秀传统文化，在党和人民伟大斗争中孕育的革命文化和社会主义先进文化，积淀着中华民族最深层的精神追求，代表着中华民族独特的精神标识。"

中国素来有"礼仪之邦"之美称，中华传统礼仪内涵丰富、历史悠久、影响深远，是极其宝贵的精神财富。"礼"在传统社会无时不在，出行有礼、坐卧有礼、宴饮有礼、婚丧有礼、寿诞有礼、祭祀有礼、征战有礼。

## 第一节　古代礼仪起源

《晏子春秋》云："凡人之所以贵于禽兽者，以有礼也。"作为一种文化现象，礼仪最早产生于人与人的交往中。在原始社会时期，人们在共同采集、狩猎、饮食生活中所形成的习惯性语言、动作，构成了礼仪最初的萌芽。

现代人类学、考古学的研究成果表明，礼仪起源于人类最原始的两大信仰，分别是天地信仰和祖先信仰。原始社会，由于生产力极其低下，人类尚处于一种愚昧无知的状态，对于那些千变万化的日月、星辰、河流、风雨、雷电等自然现象都无法解释，于是就按照当时人们的想象幻化出各种神灵作为崇拜的偶像。对于原始人来说，生存和繁衍后代是他们最强烈的企盼，而粮食丰收则是他们赖以生存的物质基础，所以他们就举行一项敬神拜祖仪式，为祭祀天地神明、保佑风调雨顺、祈祷祖先显灵、拜求去灾避祸。当时的人们希望行了礼，来年就可逃避天灾人祸，就会五谷丰登，有一个好的收成。当然，他们在"事鬼神"的同时，又"远之"，于是这"礼"便成了人间社会之礼，这"仪"也就是人际交往实用之仪。因此，礼有立于敬而源于祭之说。后来随着社会的不断进步，礼的含义也不断延伸、不断拓展。

礼仪的正式形成，应当始于奴隶社会。由于社会生产力的发展，原始社会逐步解体，人类进入了奴隶社会，这时的礼也就被打上了阶级的烙印。为了维护奴隶主的统治，奴隶主将原始的宗教礼仪发展成为符合奴隶社会政治需要的礼制，并专门制定了一整套礼的形式和制度。

周代出现的《周礼》《仪礼》《礼记》（简称"三礼"，秦汉以前各种礼仪论著的选集）就反映了周代的礼仪制度，这也是被后世称道的"礼学三著作"。"三礼"的出现标志着周礼已达到了系统、完备的阶段，礼仪的内涵也由单纯祭祀天地、鬼神、祖先的形式，跨入了全面制约人们行为的领域。而周公提出所谓的"礼仪三百""威仪三千"，则更是将礼推崇到高于一切的地步。当然，不容否认，"三礼"，特别是《周礼》，对后世治国安邦、施政教化、规范人们的行为、培养人们的人格，起到了不可估量的作用。

封建社会的礼仪，标志着礼仪已进入了一个发展、变革的时期，形成了以儒家学派学说为主导的正统的封建礼教。礼在中国古代是社会的典章制度和道德规范。作为典章制度，它是社会政治制度的体现，是维护上层建筑以及与之相适应的人与人交往中的礼节仪式。在长期的历史发展中，礼作为中国社会的道德规范和生活准则，对中华民族精神素质的修养起到重要作用。

# 第二节 古代礼制

2014 年 10 月 13 日，习近平总书记在十八届中共中央政治局第十八次集体学习时提出："历史虽然是过去发生的事情，但总会以这样或那样的方式出现在当今人们的生活之中。我国传统思想文化根源在社会生活本身，是人们思想观念、风俗习惯、生活方式、情感样式的集中表达。"

中国古代有"五礼"之说，祭祀之事为吉礼，冠婚之事为嘉礼，宾客之事为宾礼，军旅之事为军礼，丧葬之事为凶礼。实际上，这"五礼"也可分为政治与生活两大类。政治类包括祭天、祭地、宗庙之祭，祭先师先圣、尊师乡饮酒礼、相见礼、军礼等。生活类的礼仪包括诞生礼、成人礼、婚礼等。《左传》中有："礼，经国家，定社稷，序民人，利后嗣。""五礼"的内容相当广泛，从反映人与天、地、鬼神关系的祭祀之礼，到体现人际关系的家族、亲友、君臣上下之间的交际之礼；从表现人生历程的冠、婚、丧、葬诸礼，到人与人之间在喜庆、灾祸、丧葬时表示的庆祝、凭吊、慰问、抚恤之礼，可以说是无所不包，充分反映了古代中国人的尚礼精神。

## 一、吉礼

吉礼居五礼之首，它主要是对天神、地祇、人鬼的祭祀典礼，所谓"理由五经，莫重于祭"（《礼记·祭统》）。其主要内容可包括三个方面：第一是祭天神，即祀昊天上帝，祀日月星辰，祀司中、司命、风师、雨师等；第二是祭地祇，即祭社稷、五帝、五岳，祭山林川泽，祭四方百物等；第三是祭人鬼，主要为春夏秋冬享祭先王、先祖。

## 二、嘉礼

嘉礼是和合人际关系，沟通、联络感情的礼仪。《周礼·春官·大宗伯》云："以嘉礼亲万民。"嘉礼的主要内容有飨燕之礼、饮食之礼、婚冠之礼、宾射之礼（后衍生出"投壶"）、脤膰之礼、贺庆之礼。民俗界认为嘉礼包括生、冠、婚、丧四种人生礼仪。

### 三、宾礼

宾礼是接待宾客之礼。宾礼用于朝聘会同，是天子款待来朝会的四方诸侯和诸侯派遣使臣向周王问安的礼节仪式。《周礼·春官·大宗伯》云："以宾礼亲邦。"它主要包括朝、宗、觐、遇、会、同、问、视八项。

《仪礼》中有《士相见礼》一章，以士礼为主，记载了士大夫及庶人相见之礼。秦汉至宋，各朝均无相见礼。

宋太祖定立群臣相见之礼：下级见上级，按职官分别行礼；途中相见，下级"敛马侧立"等候上级通过，或"回避"分路而行；同级相见，行对拜礼；下级参拜上级，上级官员要答拜。

明代官员之间行揖礼，公、侯、驸马相见行两拜礼；庶人相见，依长幼行礼，幼者先施礼。

清代王公相见，宾主二跪六叩行礼；官员之间再拜行礼，庶人相见行揖礼。

2016年9月5日，"最忆是杭州" G20峰会文艺晚会上，一首出自《诗经·小雅》的迎宾曲《鹿鸣》从西子湖畔传向世界，天涯此时共知音，这也是属于宾礼的一种。2000多年来，这首诗歌代代相传，是中国人尊崇周礼、吟咏千年的待客之道，蕴含了中国哲学意境的温润高妙；如今，在国际经济的发展中，渴望着寻觅知己，共同发展，在各方一道的努力下，让国际经济走向崭新的起点。这足以品味出中国迎宾之礼的用意之深、诚意之切。

### 四、军礼

诸葛亮有云："将不可骄，骄则失礼，失礼则人离，人离则众叛。"军礼是师旅操演、征伐之礼，主要有大师之礼、大均之礼、大田之礼、大役之礼、大封之礼。大师之礼是天子亲自征伐的礼仪；大均之礼是王者和诸侯在均土地、征赋税时，举行军事检阅，安抚民众；大田之礼是天子的定期狩猎，以练习战阵，检阅军马；大役之礼是国家兴办的筑城邑、建宫殿、开河、造堤等大规模土木工程时的队伍检阅；大封之礼是勘定国与国、私家封地与封地间的疆界，竖立界碑的一种活动。

### 五、凶礼

凶礼是哀悯、吊唁、忧患之礼。《周礼·春官·大宗伯》有云："以凶礼哀邦国之忧。"

其主要内容有：以丧礼哀死亡，以荒礼哀凶礼，以吊礼哀祸灾，以禬礼哀围败，以恤礼哀寇乱。其中，丧礼是对各种不同关系的人的死亡，通过规定时间的服丧过程来表达不同程度的悲伤；荒礼是对某一地区或某一国家受到饥馑疫疠的不幸遭遇，国王与群臣都采取减膳、停止娱乐等措施来表示同情；吊礼是对同盟国遭遇死丧或水火灾祸而进行吊唁慰问的一种礼节。这三种礼节各级贵族都可举行。禬礼是同盟国中某国被敌国侵犯，城乡残破，盟主国应会和诸国，筹集财货，偿其所失。恤礼是某国遭受外侮或内乱，其邻国应给予援助和支持。

"五礼"简易结构如图5-1所示。

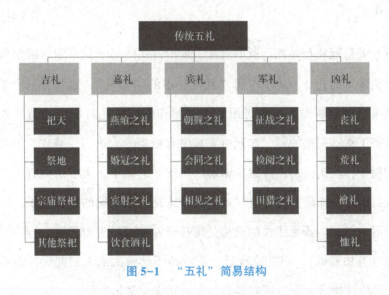

图5-1 "五礼"简易结构

# 第三节 人生礼仪

2014年2月24日，习近平总书记在十八届中共中央政治局第十三次集体学习时提出："对历史文化特别是先人传承下来的价值理念和道德规范，要坚持古为今用、推陈出新，有鉴别地加以对待，有扬弃地予以继承，努力用中华民族创造的一切精神财富来以文化人、以文育人。"

世界上多数民族，都有比较丰富的生命礼仪，这种生命礼仪是贯穿人的整个生命过程的。它从一个新生命的诞生开始，至生命的逝去而结束，中间经历了成长、成年、婚姻、丧葬等环节，它承接了上一段生命历程，又开启了新的生命前景。

## 一、出生礼仪

出生礼仪，别称为"摇篮边的礼仪"，华夏民族的诞生礼是儒家礼仪与世俗生活密切结合的产物，其主要有求子仪式、洗三仪式、满月礼、百岁礼、周岁礼。随着儒学的式微、世俗的扩张，和其他华夏传统礼仪一样，传统出生礼在发展过程中，整体上呈现俗进礼退的趋势。

## 二、成年礼仪

成年礼仪主要是冠礼和笄礼。所谓冠礼，是指古代的男子到一定年龄时所举行的一种头发加冠的极为隆重的礼节，属于古代"五礼"中的"嘉礼"。冠礼分三个步骤：一是卜筮，就是冠礼举行之前事先卜筮举行冠礼的时间和举行冠礼时所应邀请的来宾；二是挽髻，加冠的准备工作；三是加冠，加冠由来宾中有威望的人进行。首先，加布缁冠，即用黑麻布做成的帽子；其次，加皮弁冠，即用白鹿皮做的帽子，大多缀饰有玉，尖尖的冠顶常用象骨制成；最后，加爵弁冠，也叫雀弁冠，这是仅次于冕的一种帽子。以上为一般士人的冠礼，其冠为三加。若是诸侯的冠礼，其冠则为四加（四加玄冕）；若是天子的冠礼，其冠则为五加（五加衮冕）。冠礼完成后，表示孩子已长大成人；此后，他不仅可以服兵役、参加祭祀和出仕做官，而且可以娶妻、成家立业、生儿育女。

男子二十而冠，女子十五而笄。古代女子则是在满 15 岁后行笄礼，及笄之后可以嫁人。现代成人礼是在少男、少女年龄满 18 岁时，举行的象征着迈向成人阶段的仪式。

## 三、婚嫁仪式

被人们俗称"终身大事"的婚礼是人成年后的重要大礼，由古至今，历来为人们所重视。我国古代为婚姻制定了"六礼"，《礼记·昏义》上说："昏礼是以纳彩、问名、纳吉、纳征、请期、亲迎，皆主人筵几于庙，而拜迎于门外。入，揖让而升，听命于庙，所以敬慎重正昏礼也。"

（1）纳采：古时，相中哪个女孩，请媒人做媒，现代叫"提亲"。

（2）问名：男方托媒人探问女方之闺名和生辰八字。

（3）纳吉：生辰八字通过后，托媒人送点薄礼，也叫"过文定"。

（4）纳征：正式送上聘礼，就是"过大礼"。

（5）请期：择良辰吉日成亲。

（6）亲迎：把新娘接回家。现代"婚礼"也就是指"亲迎"这个场面。

古代亲迎仪式是需要两三天才能完成的。婚期的前几天便开始准备婚礼大典，男方家请亲友、乡邻来帮忙，清扫庭院、立彩门、挂灯笼、贴对联、张灯结彩，锣鼓喧天，热闹非凡。然后经过花轿迎亲、拜堂、宴宾、闹洞房、合卺、结发及洞房，正式婚礼才算结束。

## 四、丧葬礼仪

在古代，婚丧嫁娶都是人生大事。丧葬礼仪是人生礼仪中的最后一个环节。丧葬礼仪是活着的人们为死者举行殓殡祭奠、表达寄托哀思的礼节，也包括人类对于自己祖先的崇拜，对大自然的敬仰之情而采取的祭祀仪式。当然，不同的民族、不同的地域有着不同的丧葬仪式。"丧"指哀悼死者的礼仪，"葬"指处置死者遗体的方式。中国古代的丧葬制度包括埋葬制度和居丧制度，等级分明，形式烦冗，其中，许多内容由国家法典规定，还有许多内容在民间相沿成俗，是我国传统文化的重要组成部分。

人一生中不同年龄阶段所举行的仪礼如图 5-2 所示。

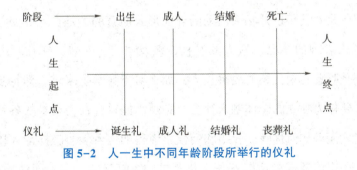

**图 5-2　人一生中不同年龄阶段所举行的仪礼**

## 第四节　大学生与礼仪

2014 年 9 月 24 日，习近平总书记在纪念孔子诞辰 2565 周年国际学术研讨会暨国际儒学联合会第五届会员大会开幕会上提出："中国优秀传统文化的丰富哲学思想、人文精神、教化思想、道德理念等，可以为人们认识和改造世界提供有益启迪，可以为治国理政提供有益启示，也可以为道德建设提供有益启发。"

纵观我国礼仪内容和形式的演变与发展，可以看出"礼"和"德"已成为中华民族共同的财富，对中华民族精神素质的修养起了极其重要的作用。习近平总书记说："国无德不兴，人无德不立。"因此，大学应当将大学生的礼仪教育纳入修身养德的教育中，"博学于文，约之以礼"。我国古代思想家、教育家十分重视"礼"的教育。孔子就曾提出："不学礼无以立。"后来还专程吸收夏、商两代的经验，并有所发展，所以他说"吾从周"。《史记·孔子世家》中记载："孔子以诗、书、礼、乐教弟子，善三千焉，身通六艺者，七十有二人。"孔子还提出"辞让之心，礼之端也"，以及"非礼勿视、非礼勿听、非礼勿言、非礼勿动"。荀子说："人无礼而不生，事无礼则不成，国无礼则不宁。"他认为礼是一种实践可行的东西，是人类清醒理智的历史产物，是社会用来维护政治秩序和规范人伦的客观需要。他认为对礼的认识和实行程度如何，是衡量贤惠与不孝及高低贵贱的尺度。他说："礼者，人道之极也，然而不法礼。不是礼，谓无方之民；法礼是礼，谓之有方之士。"

伴随着社会价值观的根本改变，在当今社会，礼仪也被赋予了全新的时代意义。如果说涵盖着一切制度、法律和道德的社会行为规范是传统意义上的礼的话，那么今天我们说的所谓礼仪则仅仅是对礼貌以及相关活动的外在形式而言的，是在人际交往中，以约定俗成的程序、方式来表现的律己、敬人的过程，涉及语言、衣着、交往、沟通、情商等内容。从小我们都是听着孔融让梨的故事长大，那么对于大学生来讲，即将步入职场，在新的人生道路上，要作为独立的个体融入社会，必须掌握符合社会要求的各种行为规范。大学生初入职场应该懂得如何称呼、介绍和问候，懂得如何着装、怎样待人接物、得体地对待赞美与批评，还应该懂得如何同各种文化背景的人打交道，在不同的场所能有礼有节、游刃有余，充满自信地与人交往，真正做到"诚于中而行于外，慧于心而秀于言"，真正明白"不学礼，无以立"的道理，把内在的道德品质修养和外在的礼仪形式有机地统一起来，成为真正名副其实的有较高道德素质的现代文明人。

编者认为，大学生学习礼仪常识的同时，探源古代礼仪的功用，不仅仅是把它理解为一种表演或者外交的形式，而是把它作为自我修养的载体。这恰恰告诉医学生，一名好的医者，具有良好的礼仪对于构建和谐的医患关系起着至关重要的作用。中国有一句俗语，"良言一句三冬暖，恶语伤人六月寒"。古希腊一位医学家也曾经说过："医生有两种手段能治病，一是用药，二是语言。"病人到医院看病时，情绪大都是消极和焦虑的，病人对医生非常信任和依赖，合理的安慰既满足了医生职业礼仪的需求，又推动了治疗效果。医者本身礼仪素养的高低对医患关系有直接的影响，医者如果用良好的礼仪对待患者家属，实施良好的医术，患者就能缓解心理压力，保持轻松心情，促使治疗和康复更加顺利。礼仪促使医患双方得到尊重，形成良好的医患关系，所以医者需要具备良好的礼仪素养。

在中医学典籍中，认为习医者必读的一篇文章就是出自唐朝孙思邈所著《备急千金要方》中的第一卷《大医精诚》。《大医精诚》既论述了有关医德的问题，也将习医者的礼用道和德加以体现，要求医者不仅要有精湛的医术，而且要有高尚的品德修养，就是放到现代，仍然是所有习医者必须学习的经典文章。

习近平总书记说："有信念、有梦想、有奋斗、有奉献的人生，才是有意义的人生。"通过礼仪教育可以进一步提高大学生的礼仪修养，培养应对沟通的交际能力，养成良好的礼仪习惯，具备基本的文明教养。如果人人讲礼仪，文明之花将遍地开放，社会将充满和谐与温馨，从而推进整个社会精神文明程度的提高。

## 拓展阅读

1. 古代祭祀行礼

古代祭祀行礼非常严格，有"九拜"之礼。[①]《周礼·春官·太祝》："辨九拜，一曰稽首，二曰顿首，三曰空首，四曰振动，五曰吉拜，六曰凶拜，七曰奇拜，八曰褒拜，九曰肃拜，以享右、祭祀。"

一曰稽拜，是跪下后两手着地，引头至地，停留一段时间，是九拜中最重的礼节；

二曰顿拜，是引头至地，稍顿即起，是礼拜中次重者；

三曰空首，是两手拱地，引头向地面不着地，是礼拜中较轻者；

四曰振动，是两手相击，振动其身而拜；

五曰吉拜，是立拜以后再稽拜；

六曰凶拜，是稽拜以后再立拜；

---

① 来源于中国礼仪网。

七曰奇拜，是屈一膝而拜；

八曰褒拜，是回报他人行礼的拜礼；

九曰肃拜，是俯身行拱手礼。

前三种为正拜，后六种是前三种的变通。①

2. 古代文明礼仪小故事二则

### 孔子尊师

公元前 521 年春，孔子得知他的弟子宫敬叔奉鲁国国君之命，要前往周朝京都洛阳去朝拜天子，他觉得这是个向周朝守藏史老子请教"礼制"学识的好机会，于是征得鲁昭公的同意后，与宫敬叔同行。到达京都的第二天，孔子便徒步前往守藏史府去拜望老子。正在书写《道德经》的老子听说誉满天下的孔丘前来求教，赶忙放下手中刀笔，整顿衣冠出迎。孔子见大门里出来一位年逾古稀、精神矍铄的老人，料想便是老子，急趋向前，恭恭敬敬地向老子行了弟子礼。进入大厅后，孔子再拜后才坐下来。老子问孔子为何事而来，孔子离座回答："我学识浅薄，对古代的'礼制'一无所知，特地向老师请教。"老子见孔子这样诚恳，便详细地抒发了自己的见解。回到鲁国后，孔子的弟子们请求他讲解老子的学识。孔子说："老子博古通今，通礼乐之源，明道德之归，确实是我的好老师。"同时，还打比方赞扬老子，他说："鸟儿，我知道它能飞；鱼儿，我知道它能游；野兽，我知道它能跑。善跑的野兽我可以结网来逮住它，会游的鱼儿我可以用丝条缚在鱼钩来钓到它，高飞的鸟儿我可以用良箭把它射下来。至于龙，我却不能够知道它是如何乘风云而上天的。老子，其犹龙邪！"②

### 汉明帝敬师

汉明帝刘庄做太子时，博士桓荣是他的老师，后来他继位做了皇帝，"犹尊桓荣以师礼"。他曾亲自到太常府去，让桓荣坐东面，设置几杖，像当年讲学一样，聆听老师的指教。他还将朝中百官和桓荣教过的学生数百人召到太常府，向

---

① 出自《礼记》。
② 出自《礼记》。

桓荣行弟子礼。桓荣生病，明帝就派人专程慰问，甚至亲自登门看望，每次探望老师，明帝都是一进街口便下车步行前往，以表尊敬。进门后，往往拉着老师枯瘦的手，默默垂泪，良久乃去。当朝皇帝对桓荣如此，所以"诸侯、将军、大夫问疾者，不敢复乘车到门，皆拜床下"。桓荣去世时，明帝还换了衣服，亲自临丧送葬，并将其子女作了妥善安排。①

3. 医者之道——特鲁多医师的墓志铭

有时，去治愈；

经常，去帮助；

总是，在安慰。

这是近百年来，被世界各地一批又一批的医生怀着朝圣之心来拜谒的医学同行——爱德华·特鲁多医生墓碑上的一则墓志铭。看似简短的三句话，却概括了医者救死扶伤的职责，也正体现了我国古代医学家提出的大医精诚的行医之道。希波克拉底说："哪里有医学之爱，哪里就有人类之爱。这爱，不是抽象的，而是触手可及的、生动的、可感的。"医疗之外，能够最大限度地帮助与安慰病人应该成为医学的重要组成部分，这是每个医生都能做的事，恰恰也是衡量能否成为一名"大医"的道德标准。

医生，不仅仅是一份职业，当你具备了良好的道德修养，礼仪熏陶，更是将这份职责看成是一项使命，一种人性光芒的传递，此乃大医精诚之真谛。

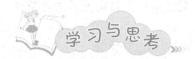

1. 传统礼仪对中国传统文化有哪些积极作用？

2. 古代表礼敬的称谓有哪些？

---

① 出自《资治通鉴·汉明帝永平二年》。

# 第六章　影响深远的节日文化

## 教学目标

1. 了解主要传统节日的由来及习俗文化。

2. 搜集耳熟能详的诗词与民谣。

3. 传统节日的时代意义。

## 重点难点

通过对中国传统节日的了解，体会中华民族特有的生活方式与文化取向，从而传承传统节日，体会我们共有的精神家园的温馨与和谐。

## 引　　文

2014 年 10 月 15 日，习近平总书记在文艺工作座谈会上提出："中华优秀传统文化是中华民族的精神命脉，是涵养社会主义核心价值观的重要源泉，也是我们在世界文化激荡中站稳脚跟的坚实根基。"

## 第一节　传统节日概述

节日的"节"，指岁时节令，是由年、月、日与气候变化相结合而定的节气时令。我国农历有二十四个节气，其中，大部分节气是显示气温、降水的变化，预告农事，后来随着生产、生活、信仰活动的安排，这些节气逐渐发展成一些节日，并在长期的历史演化中，成为我国的传统节日。传统节日定型于隋唐两宋时期，据宋代陈元靓《岁时广记》记载，当时的节日有元旦、立春、人日、上元、正月晦、中和节、二社日、寒食、清明、上巳、佛日、端午、朝节、天贶节、三伏节、立秋、七夕、中元、中秋、重九、小春、下元、冬至、腊日、交年节、岁除，这一序列囊括了传统社会的重要节日。

## 一、节日文化的起源

由于我国的节日基本是由农业生产规模而决定的，所以从历时过程来看，我国农业经济重心的转移也极大地影响着节日格局的变迁。鬼神崇拜、生殖崇拜等原始宗教信仰和原始禁忌，也与后世创设的节日民俗有着紧密联系。它们交互作用、彼此依托，保证了节庆文化的持久存在和不断发展，形成了节日文化的构成要素，其中，主要包括节日的日期、物品、用语及饮食等方面的内容。

节日日期的选择与设定，一般依据天候、物候和气候的周期性转换而约定俗成，最早被择定为节日的是被确认的节气之交接日。《周髀算经》卷下："凡为八节二十四气。"赵爽注："二至者，寒暑之极；二分者，阴阳之和；四立者，生长收藏之始；是为八节。"即立春、立夏、立秋、立冬和春分、夏至、秋分、冬至八个节日，"八节"标志着阴阳四时的时令变化，故后世有"四时八节"之称。

节日用品众多，如年节的门神、对联、鞭炮、锣鼓，清明节的柳条，端午节的艾蒿、菖蒲以及重阳节的茱萸等。

节日用语更是别具一格，大多使用祝福用语，如年节、中元节祭祖、祭神时，要祈求神灵和列祖列宗"保佑"下界的太平幸福等。

节日饮食不仅保证了人们从事节日活动的物质动力，而且还起到了渲染和活跃节庆气氛、增添节日魅力的功效。"民以食为天"，自古以来，饮食始终是社会和人类生活的第一等要事。中国传统饮食文化的内涵十分丰富，直观地反映着中华民族的生活状况、文化素养和创造才能。

## 二、传统节日的类型

由于传统节日大多起源于农事岁时，所以节日中带有浓厚鲜明的生产劳作的特色。比如，一年中最早出现的农事生产活动的节日——立春。立春原本是二十四节气中的一个节气，后演变成为一个重要的节日。据《礼记·月令》记载，早在先秦时期，就已有立春"出土牛"之俗流行。春节的庆丰收、添仓节的"打屯添仓"，以及七夕节的"赛巧会"等节庆活动，也都体现着男耕女织、风调雨顺和丰收等农业社会的生活规律。

节日内涵丰富，有的受到宗教的影响，表达广大人民祈福消灾的美好心愿。如春节祭祖仪式、清明戴柳，端午插艾、戴五彩线、喝雄黄酒，重阳节插茱萸、饮菊花酒，还有各节庆洒扫庭除等。

传统节日民俗中，有许多事为了纪念某一历史或英雄人物以及历史事件。如寒食节的禁火与寒食，传说是为了纪念春秋时晋国名臣介子推；端午节的龙赛舟与食粽子，相传是为了纪念战国时楚国大夫屈原。

## 第二节　传统节日的文化内涵

2014年5月4日，习近平总书记在北京大学师生座谈会上提出："中华优秀传统文化已经成为中华民族的基因，植根在中国人内心，潜移默化影响着中国人的思想方式和行为方式。"

中国传统节日的确立与普及是一个逐步发展的过程，节日文化的生成是一个不断演进的过程，是由多种文化元素综合与提炼的过程，是不断取其精华的过程，由此构成一个完整而和谐的节日体系。

### 一、天人合一

中国古代的思想家们把天地万物视为一个有机联系的整体，只有处于和谐关系中，才能得到发展并生生不息。这有利于人与自然的和谐相处，构建人与自然和谐相处的和谐社会，与中国传统文化追求"天人合一"的精神一脉相承。

以自然为取向，尊重自然，随着自然物候的变化；以物喻人，进而引发对社会及人生的感怀。春节、新年伊始的第一个月圆之夜，元宵节、清明踏青、中秋赏月、重阳辞青等，都是踩着自然的节拍。因此，强调人与自然的和谐，在某种程度上，体现了中华民族对自然规律的认识和把握，是中国古老的"天人合一"哲学思想的集中表现。

## 二、忠义与孝悌的家国情怀

在清明与端午两大节日中最能弘扬孝道亲情、唤醒家族的共同记忆。清明扫墓的习俗来自寒食节，而寒食节相传与春秋时期介子推有关。介子推"割股"给处于困境中的公子重耳充饥，这里有"忠"与"义"这种精忠爱国的文化精神，当公子重耳成为晋文公，欲封赏介子推时，介子推背着老母进了深山，这里又体现了"孝"。在漫长的社会进程中，寒食节与清明节合二为一，"忠""义"的爱国文化精神也成为中国传统观念中士大夫精神的渊源，激励和塑造了中国历史上无数的仁人志士。而这一"孝"又将爱国英雄这一形象与血亲紧紧地联系在了一起，并且这种忠义与孝悌的文化精神逐渐成为家族成员乃至民族的凝聚力和认同感。

## 三、团圆和谐

在传统节日中经常流露出一种团圆和谐美好的文化精神。春节大家围坐在一起和面、包饺子，和面的"和"与"合"谐音，饺子的"饺"与"交"谐音，"合"与"交"是团圆、相聚之意；元宵节，全家又要围在一起吃元宵、汤圆；七夕节乞巧，期盼女儿手巧如织女、天下有情人终成眷属；中秋吃月饼，更兼有生活团圆、婚姻美满之意；九九重阳，则有珍爱生命、健康长寿之意等。这些都显露出团圆、和谐美好的思想。

中华传统文化中的"忠、孝、诚、信、礼、义、廉、耻"等价值理念，充分体现在传统节日的诸种表现形态之中，所以我们将传统节日称作是传统文化的载体，这是有道理的。由此，可以说，不断注入时代精神，丰富传统节日内涵，也是其本质的必然要求。

# 第三节　传统节日的由来及习俗

2014 年 9 月 24 日，习近平总书记在纪念孔子诞辰 2565 周年国际学术研讨会暨国际儒学联合会第五届会员大会开幕会上提出："优秀传统文化是一个国家、一个民族传承和发展的根本，如果丢掉了，就割断了精神命脉。"

## 一、汉族传统节日风俗

目前，我国汉族的传统节日主要有春节、元宵、清明、端午、七夕、中秋、重阳、冬至、腊八等。下面重点介绍这九种节日。

### 1. 春节

春节是我国最盛大、最热闹的一个古老传统节日，俗称"过年"。按照我国农历，正月初一是"岁之元，月之元，时之元"，是一年的开始。传统的庆祝活动则从除夕一直持续到正月十五元宵节。每到除夕，家家户户阖家欢聚，一起吃年夜饭，称"团年"。其间谈笑风生，其乐融融。然后，一起守岁，叙旧话新，互相祝贺鼓励。当新年来临时，爆竹烟花将节日的喜庆气氛推向高潮。我国北方地区在此时有吃饺子的习俗，取"更岁交子"之意；而南方有吃年糕的习惯，象征生活步步高。守岁达旦，喜贴春联，敲锣打鼓，张灯结彩，送旧迎新的活动热闹非凡。另外，各地还有互相登门拜年、舞狮子、耍龙灯、演社火、逛花市、赏灯会等习俗。

有关春节的诗词佳句：

爆竹声中一岁除，春风送暖入屠苏。——王安石《元日》

寒随一夜去，春逐五更来。——史青《应诏赋得除夜》

故乡今夜思千里，愁鬓明朝又一年。——高适《除夜作》

多谢梅花，伴我微吟。——韩疁《高阳台·除夜》

儿童强不睡，相守夜欢哗。——苏轼《守岁》

**思考**：你有熟知的有关春节的诗词吗？

### 2. 元宵节

农历正月十五夜，是我国民间传统的元宵节，又称上元节、灯节。正月十五闹元宵，将从除夕开始延续的庆祝活动推向又一个高潮。元宵之夜，大街小巷张灯结彩，人们赏灯、猜灯谜、吃元宵，成为世代相沿袭的习俗。元宵节赏灯的习俗始于汉朝。隋唐时，发展成盛大的灯市。到宋元时期，京都灯市常常绵延数十里。灯会时间，汉朝只限于正月十五一夜，唐玄宗延长到三夜，明朝规定从正月初八一直持续到正月十七。唐朝灯会中，出现了杂耍技艺，宋朝开始有灯谜，明朝又增加了戏曲表演。灯市所用的彩灯，也演绎出"橘灯""绢灯""五彩羊皮灯""无骨麦秸灯""走马灯""孔明灯"等。始于南宋的灯谜，生动活泼，饶有风趣。经过历代发展创造，至今仍在使用的谜格有粉底格、秋千格、卷帘格、白头格、徐妃格、求凤格等一百余种，大多有限定的格式和奇巧的要求，巧立名目，妙意横生。

元宵节吃元宵的习俗始于宋朝，意在祝福全家团圆和睦，在新的一年中康乐幸福。元宵分实心和带馅两种，有香辣甜酸咸五味，可以煮、炒、油炸或蒸制。桂花酒酿元宵，以肉馅、豆沙、芝麻、桂花、果仁制成的五味元宵，以及用葱、芥、蒜、韭、姜制成的象征勤劳、长久、向上的五辛元宵，都各有特色。起初，人们把这种食物叫"浮圆子"，后来又叫"汤团"或"汤圆"，这些名称与"团圆"字音相近，取团圆之意，象征全家人团团圆圆、和睦幸福。随着时间的推移，元宵节的活动越来越多，不少地方节庆时增加了耍龙灯、舞狮子、踩高跷、划旱船、扭秧歌、打太平鼓等传统民俗表演。

有关元宵节的诗词佳句：

落日熔金，暮云合璧，人在何处。——李清照《永遇乐·落日熔金》

东风夜放花千树。更吹落、星如雨。——辛弃疾《青玉案·元夕》

箫鼓喧，人影参差，满路飘香麝。——周邦彦《解语花·上元》

不是暗尘明月，那时元夜。——蒋捷《女冠子·元夕》

千点寒梅晓角中，一番春信画楼东。——杨慎《鹧鸪天·元宵后独酌》

**思考**：你有熟知的有关元宵节的诗词吗？

### 3. 清明节

清明既是二十四节气之一，又是一个历史悠久的传统节日。清明的前一天称寒食节。两节恰逢阳春三月，春光明媚，桃红柳绿，一派欣欣向荣的气象。寒食节的设立是为了纪念春秋时代晋朝"士甘焚死不公侯"的介子推。清明、寒食期间，民间有禁火寒食、祭祖扫墓、踏青郊游等习俗，另外，还有荡秋千、放风筝、拔河、斗鸡、戴柳、斗草、打球等传统活动，使清明成为一个富有诗意的节日。我国传统的清明节大约始于周代，已有2000多年的历史，后来，由于清明与寒食的日子接近，而寒食是民间禁火扫墓的日子，渐渐地，寒食与清明就合二为一了，而寒食既成为清明的别称，也变成清明时节的一个习俗。

有关清明节的诗词佳句：

燕子来时新社，梨花落后清明。——晏殊《破阵子·春景》

梨花风起正清明，游子寻春半出城。——吴惟信《苏堤清明即事》

素衣莫起风尘叹，犹及清明可到家。——陆游《临安春雨初霁》

好风胧月清明夜，碧砌红轩刺史家。——白居易《清明夜》

拆桐花烂漫，乍疏雨、洗清明。——柳永《木兰花慢·拆桐花烂漫》

**思考**：你有熟知的有关清明节的诗词吗？

### 4. 端午节

农历五月初五，是我国传统的端午节，又称端阳、重五、端五节。早在周朝，就有"五月五日，蓄兰而沐"的习俗。但如今端午节的众多活动都与纪念我国伟大的文学家屈原有关。这一天，家家户户都要吃粽子，南方各地举行龙舟大赛，都与悼念屈原有关。同时，端午节也是自古相传的"卫生节"，人们在这一天洒扫庭院、挂艾枝、悬菖蒲、洒雄黄水、饮雄黄酒，激清除腐、杀菌防病，这些活动也反映了我们民族的优良传统。

有关端午节的诗词佳句：

轻汗微微透碧纨，明朝端午浴芳兰。——苏轼《浣溪沙·端午》

五月五日午，赠我一枝艾。——文天祥《端午即事》

正是浴兰时节动。菖蒲酒美清尊共。——欧阳修《渔家傲·五月榴花妖艳烘》

国亡身殒今何有，只留离骚在世间。——张耒《和端午》

独写菖蒲竹叶杯，蓬城芳草踏初回。——汤显祖《午日处州禁竞渡》

**思考**：你有熟知的有关端午节的诗词吗？

### 5. 七夕节

由无数恒星组成的银河像一条天河横亘夜空，人们说，它把多情的牛郎和织女隔开了，只有每年七月初七，天下的喜鹊搭成一座鹊桥，他们才能相见。这个美好的传说始于汉朝，经过千余年的代代相传，深入人心。这一天，民间有向织女乞巧的习俗，一般是比赛穿针引线，看谁更心灵手巧，因此，七夕又叫乞巧节或女儿节。每到七夕将至，牵牛和织女二星都竟夜经天，直至太阳升起才隐退，因而又被喻为人间离别的夫妻相会。这一夜还有观天河祈祷五谷丰收的习俗，有些地方还举办"青苗会"。

有关七夕节的诗词佳句：

两情若是久长时，又岂在朝朝暮暮。——秦观《鹊桥仙》

天阶夜色凉如水，卧看牵牛织女星。——杜牧《秋夕》

已驾七香车，心心待晓霞。——李商隐《壬申七夕》

谁忍窥河汉，迢迢问斗牛。——孟浩然《他乡七夕》

恐是仙家好别离，故教迢递作佳期。——李商隐《辛未七夕》

**思考**：你有熟知的有关七夕节的诗词吗？

### 6. 中秋节

农历八月十五，是一年秋季的中间，因此称中秋节。中秋之夜，除了赏月、祭月、吃月饼，有些地方还有舞草龙、砌宝塔等活动。除月饼外，各种时令鲜果、干果也是中秋夜的美食。此夜，人们仰望如玉如盘的明月，自然会期盼家人团聚，远在他乡的游子，也借此寄托自己对故乡和亲人的思念之情，所以中秋又称"团圆节"。

有关中秋节的诗词佳句：

离别一何久，七度过中秋。——苏辙《水调歌头·徐州中秋》

今夜月明人尽望，不知秋思落谁家。——王建《十五夜望月寄杜郎中》

西北望乡何处是，东南见月几回圆。——白居易《八月十五日夜湓亭望月》

阴晴圆缺都休说，且喜人间好时节。——徐有贞《中秋月》

好时节，愿得年年，常见中秋月。——徐有贞《中秋月》

**思考**：你有熟知的有关中秋节的诗词吗？

### 7. 重阳节

金秋送爽，丹桂飘香，农历九月初九，为传统的重阳节。因为古老的《易经》中把"六"定为阴数，把"九"定为阳数，九月九日，日日并阳，两九相重，故而叫重阳，也叫重九。农历九月初九的重阳佳节，活动极为丰富，有登高、赏菊、喝菊花酒、吃重阳糕、插茱萸等。重阳节，又是"老人节"，老人们在这一天或赏菊以陶冶情操，或登高以锻炼体魄，给桑榆晚景增添了无限乐趣。

有关重阳节的诗词佳句：

菊花何太苦，遭此两重阳？——李白《九月十日即事》

待到重阳日，还来就菊花。——孟浩然《过故人庄》

九日黄花酒，登高会昔闻。——岑参《奉陪封大夫九日登高》

对兹佳品酬佳节，桂拂清风菊带霜。——曹雪芹《螃蟹咏》

满园花菊郁金黄，中有孤丛色似霜。——白居易《重阳席上赋白菊》

东篱把酒黄昏后，有暗香盈袖。——李清照《醉花阴》

**思考：**你有熟知的有关重阳节的诗词吗?

### 8. 冬至节

冬至在我国古代是一个很隆重的节日,俗称冬节、长至节、亚岁,是我国汉族的一个传统节日,至今仍有不少地方有过冬至节的习俗。冬至是北半球全年中,白天最短、黑夜最长的一天,过了冬至,白天就会一天天变长。冬至是二十四节气中最早制定出的一个,时间在每年的阳历 12 月 21 日至 12 月 23 日。北方地区冬至有宰羊、吃饺子的习俗,南方的传统食品有冬至米团、冬至长线面等。至今,我国台湾还保存着冬至用九层糕祭祖的传统,以示不忘根本,祝福阖家团圆。

有关冬至的诗词佳句:

天时人事日相催,冬至阳生春又来。——杜甫《小至》

邯郸驿里逢冬至,抱膝灯前影伴身。——白居易《邯郸冬至夜》

今日日南至,吾门方寂然。——陆游《辛酉冬至》

何人更似苏夫子,不是花时肯独来。——苏轼《冬至日独游吉祥寺》

天街晓色瑞烟浓,名纸相传尽贺冬。——马臻《至节即事》

**思考：**你有熟知的有关冬至节的诗词吗?

### 9. 腊八节

腊八节,又称腊日祭、腊八祭、王侯腊或佛成道日,原来是古代欢庆丰收、感谢祖先和神灵(包括门神、户神、宅神、灶神、井神)的祭祀仪式。除祭祖敬神的活动外,人们还要驱疫。这一天最重要的活动是吃腊八粥。最早的腊八粥只是在米粥中加入红小豆,后来演变得极为复杂考究,主料有白米、黄米、江米、小米、菱角米等数十种,添加核桃、杏仁、瓜子、花生、松仁、葡萄干、桂圆肉、百合、莲子等,通宵熬煮,香飘十里。除腊八粥外,还有腊八面、腊八蒜等风味食品。

有关腊八节的诗词佳句:

盈盈当雪杏,艳艳待春梅。——杜甫《早花》

腊月风和意已春,时因散策过吾邻。——陆游《十二月八日步至西村》

宿心何所道,藉此慰中情。——魏收《腊节》

侵凌雪色还萱草,漏泄春光有柳条。——杜甫《腊日》

夕岚增气色,馀照发光辉。——孟浩然《腊月八日于剡县石城寺礼拜》

**思考**：你有熟知的有关腊八节的诗词吗？

## 二、少数民族传统节庆风俗

我国自古就是一个多民族国家，除了汉族有许多的节庆文化，各少数民族也有许多丰富的节日民俗。

### 1. 泼水节

泼水节源于印度，是古婆罗门教的一种仪式，后为佛教所吸收，约在公元 12 世纪末至 13 世纪初，经缅甸随佛教传入中国云南傣族地区。随着佛教在傣族地区影响的加深，泼水节成为一种民族习俗流传下来。其间，大家用纯净的清水相互泼洒，祈求洗去过去一年的不顺。

### 2. 旺果节

望果节是藏族传统节日之一。节期为 1 天至 3 天不等。每年七月，粮食收成在望，藏民们便穿着节日盛装结队骑马，在田间巡游。同时，还聚在一起，在林间草地搭起帐篷，铺上彩垫，摆出酸奶和各种丰美的食品，互相敬酒尽兴野餐，唱歌跳舞预祝丰收，举行赛马、射箭、文艺表演等活动。

### 3. 火把节

火把节是彝、白、纳西、基诺、拉祜等民族的古老而重要的传统节日，有着深厚的民俗文化内涵，被称为"东方的狂欢节"。不同的民族举行火把节的时间也不同，大多是在农历六月二十五日至二十七日。这天清晨，男女老少都穿上节日盛装，聚集在一起，白天饮酒庆贺，进行斗牛、摔跤、赛马、射箭等活动，晚上举行篝火晚会，高举火把游行，无数火把在田间、山林穿越游动，景色十分壮观。火把节的源起，传说是为了纪念一位聪明坚贞、抗暴而死的古代女英雄，它反映了人们驱除邪恶、追求幸福的美好愿望。

### 4. 那达慕大会

每年七八月牧畜肥壮的季节举行的那达慕大会，是蒙古族一年一度的盛大节日。那达慕，蒙语是娱乐或游戏的意思。那达慕大会上有惊险动人的赛马、摔跤，令人赞赏的射箭，争强斗胜的棋艺，美妙动人的歌舞。大会召开前，男女老少乘车骑马，穿着节日的盛装，不顾路途遥远，从四面八方来参加比赛和观赏。彩旗飘扬，人欢马嘶，平日宁静的草原，顿时变成繁华的彩城。

## 第四节　传统节日的时代意义

2014 年 2 月 17 日，习近平总书记在省部级主要领导干部学习贯彻十八届三中全会精神全面深化改革专题研讨班开班式上提出："要加强对中华优秀传统文化的挖掘和阐发，努力实现中华传统美德的创造性转化、创新性发展，把跨越时空、超越国度、富有永恒魅力、具有当代价值的文化精神弘扬起来，把继承优秀传统文化又弘扬时代精神、立足本国又面向世界的当代中国文化创新成果传播出去。"

党的二十大报告指出："中华优秀传统文化源远流长、博大精深，是中华文明的智慧结晶，其中蕴含的天下为公、民为邦本、为政以德、革故鼎新、任人唯贤、天人合一、自强不息、厚德载物、讲信修睦、亲仁善邻等，是中国人民在长期生产生活中积累的宇宙观、天下观、社会观、道德观的重要体现，同科学社会主义价值观主张具有高度契合性。"

在现代的"快餐"文化冲击下，中国传统节日被很多的年轻人慢慢地淡化，甚至遗忘。历史的车轮为我们留下的不仅仅是古老的故事，还有以史为鉴的启迪，为人处世、治国安邦的道理，这些都是前人留下的最宝贵的文化与财富。传承传统节日，可以使全国天南海北的人们齐聚在中华民族这个大家庭里。古人讲"礼出于俗，俗化为礼"，很多礼仪其实都来自约定的习俗，虽然每个地方习俗和习惯都有不同，但正是这些相同的血脉，凝聚了民族认同和文化认知，激发了我们的爱国情感，正是有了这一个又一个符号意义的"根"，中华民族的澎湃精神才化为不竭的筑梦动能。

尽管各个传统节日的内涵不同，各自纪念与庆祝的形式不同，但是对传统节日的传承，就是对民族之根的认同，这是中华民族共有精神家园的巨大文化资源。

中国传统节日是从远古走向现代，从民族走向世界，它既代表过去，也代表未来，是弥足珍贵的历史文化遗产，是民族凝聚力的典型象征。

（1）传统节日所体现的中华优秀传统文化的博大，使人们感受到精神生活的富足，道德境界得到升华，在潜移默化的过程中，感受文化的魅力和力量。

（2）传统节日作为一个文化符号，凝结着中华民族的民族精神和民族情感，成为维系中华民族融合与统一的重要纽带，是祖先留给我们的巨大的精神遗产。

（3）中华传统节日，体现了中华民族对生活的无限热爱和对社会进步的渴望的文化价值观；体现了中华民族朴实、热情、开朗、健康的品质特征，民族性情尽显其中；体现了中华民族崇尚劳动、尊亲敬祖、敬老敬贤、慎终追远等传统伦理观念。

习近平总书记说："对祖国悠久历史、深厚文化的理解和接受，是人们爱国主义情感培育和发展的重要条件。"今天，我们纪念传统节日，体悟各节日纪念的对象及意义，使精神生活更加充实，道德境界得以提升。周而复始，岁岁年年，体会中华民族特有的生活方式与文化取向，体会我们共有的精神家园的温馨与和谐。

2018年5月2日，习近平总书记在北京大学同师生们座谈时说："我们是中华儿女，要了解中华民族历史，秉承中华文化基因，有民族自豪感和文化自信心。要时时想到国家，处处想到人民，做到'利于国者爱之，害于国者恶之'。"

作为医学院校的高校生、白衣天使的摇篮，当代医学院校的大学生不仅要具备一定的医学技能，而且要通过医者仁心的职业文化精神教育树立正确的职业价值观，提升医学生的职业素质；用现代社会的理念和视角，保持民族特色，弘扬民族精神，为增强民族凝聚力作出自己应有的贡献，让传统文化在医学教育中遍地生花。

### 拓展阅读

**1. 各地迎新年民谣欣赏**

一首首流传甚广的民谣，伴随着几代人一起成长，它用童谣的形式描绘了从农历腊八到大年初一各地迎接春节的热闹场面。

北京：二十三，糖瓜粘；二十四，扫房子；二十五，磨豆腐；二十六，去割肉；二十七，宰年鸡；二十八，把面发；二十九，蒸馒头；三十晚上熬一宿，大年初一扭一扭，除夕的饺子年年有。

山东：二十三，糖瓜粘；二十四，扫房日；二十五，推糜黍（准备蒸糕）；二十六，去买肉；二十七，宰公鸡；二十八，白面发；二十九，蒸馒头；三十晚上熬一宿，大年初一姐拉弟弟扭一扭。

（另）小孩小孩你别馋，过了腊八就是年。腊八粥喝几天，哩哩啦啦二十三。二十三，糖瓜粘；二十四，扫房子；二十五，做豆腐；二十六，去割肉；二十七，杀公鸡；二十八，把面发；二十九，蒸馒头。三十晚上熬一宿，初一初二满街走（迎福、拜年）。

陕西：二十三，祭灶官；二十四，扫房子；二十五，磨豆腐；二十六，去割肉；二十七，杀只鸡；二十八，蒸枣花；二十九，去打酒；大年三十儿捏饺儿，初一撅着屁股乱作揖儿（接神、拜年）。

河南：二十三，过小年；二十四，扫房子；二十五，磨豆腐；二十六，去割肉；二十七，杀稻鸡，二十八，贴花花，二十九，去灌酒；年三十，贴门旗儿（门神）。

（另）二十六，蒸馒头；二十七，洗一洗；二十八，贴年画；二十九，门上瞅（福字、门神、对联）；年三十，吃饺子。

（另）年来到，年来到，闺女要花儿要炮，老婆要个煊棉袄，老头要个新毡帽。

湖北：二十三打土尘，二十四送灶神，二十五打豆腐，二十六办鱼肉，二十七洗金漆（洗澡），二十八剿鸡鸭，二十九家家有，三十夜（方言读 yā）鑷罐哼（年夜饭）。

（另）年初一，开门就作揖，初一拜家庭，初二拜亡人，初三初四拜丈人。

东北：二十三，糖瓜粘；二十四，扫房子；二十五，做豆腐；二十六，炖大肉；二十七，杀牡（雄）鸡；二十八，贴花花（窗花、年画等）；二十九，去打酒；年三十，包饺子。

天津：二十三，糖瓜粘；二十四，扫房子；二十五，糊窗户；二十六，炖大肉；二十七，宰公鸡；二十八，白面发；二十九，贴倒有（福字）；三十合家欢乐吃饺子，初一初二拜新年。

（另）初一饺子初二面，初三合子锅里转。

2. 有关月的诗词

在中国传统的节日里，人们将自己对理想的讴歌、对未来的向往、对爱情的礼赞、对生命的叹息、对命运的无奈都融入诗词曲赋中，而"月"这一意象就是这众多文人巨匠的赞歌中最偏爱的其中一种。在月光笼罩下倾诉一腔情怀，将人的悲、欢、离、合与月的阴、晴、圆、缺相呼应，从而达到物我合一，最终灵魂得以飞升，今天读来仍余韵袅袅、荡气回肠。

那么，有关"月"的诗词你知道多少？在你熟知的节日诗词里又能举出哪些诗人常用的抒发情怀的意象？

明月几时有，把酒问青天。——苏轼《水调歌头·丙辰中秋》

起舞徘徊风露下，今夕不知何夕。——苏轼《念奴娇·中秋》

可怜今夕月，向何处、去悠悠。——辛弃疾《木兰花慢》

峨眉山月半轮秋，影入平羌江水流。——李白《峨眉山月歌》

琵琶弦上说相思。当时明月在，曾照彩云归。——晏几道《临江仙》

1. 说一说有关自己家乡的传统节日习俗。

2. 说一说自己家乡有关传统节日的诗文与民谣。

# 第七章　气韵生动的艺术文化

**教学目标**

通过整理中国传统艺术文化的脉络，了解其特色与功用，了解中国传统艺术在书法、绘画、音乐、舞蹈、戏曲等方面取得的辉煌成就。

**重点难点**

通过了解辉煌的艺术成就，体会中国传统艺术文化独特的审美特点。

**引　文**

中国传统艺术如同文学一样，有着相当高的成就，不但思想内容丰富深邃，形态上也呈现出瑰丽多姿的状态。中国传统艺术的成就，主要表现在书法、绘画、音乐、舞蹈、戏曲等诸多方面。与西方艺术相比，中国传统艺术中的大多门类，不仅有更为久远的历史，而且在艺术视角、体式创制、媒介手段、表现技巧等方面独具风采，凝聚了中华民族的集体智慧，代表着五千多年文明古国的深厚文化底蕴，也是全人类的宝贵财富。

## 第一节　中国传统艺术的特色与功用

在五千多年的历史发展与演变中，中国传统艺术形成了自己独特的传统，成为世界文化宝库中最为瑰丽、独特、珍贵的遗产之一。与西方艺术相比，中国传统艺术呈现出以下四个比较明显的特色：

## 一、"礼乐一体"的原则

所谓"礼乐一体",一是有礼必有乐,乐附于礼;二是乐在诸多艺术中独具至尊的地位。历代儒家学者都把"乐"看作是道德感化和政治教化的手段。由于儒家的不断提倡和发挥,礼与乐并列为封建统治者的工具,乐也在社会活动和艺术领域中占据崇高的地位。孔子曰:"兴于诗,立于礼,成于乐。"足以见得孔子把"乐"当作人们修身成仁的关键。孔子曰:"礼乐不兴,则刑罚不中,刑罚不中,则民无所措手足。"可见孔子又把"乐"作为兴邦治国的根本。《礼记》(图7-1)专有《乐记》一篇,系统地论述了音乐的本质、美感、作用以及乐与礼的关系等。《乐记》认为,"凡音之起,由人心也。人心之动,物使之然也。感于物而动,故形于声""治世之音安以乐,其政和;乱世之音怨以怒,其政乖;亡国之哀以思,其民困。"这里把音乐当作感知天下兴亡之乱的晴雨表。正是这一缘故,历代统治者都非常重视乐。西方则情况不同,他们的音乐既不从属于礼,也不从属于法,而是一门独立的艺术,音乐家有一定的地位,音乐会也是独立的艺术活动。

图7-1 《礼记》

## 二、融合共生的属性

中国传统艺术的诸多门类不是各自为域、互不相关,而是彼此融通、和谐共生。如古代所谓的"乐",实际不只是音乐,而是音乐、舞蹈和诗歌的综合。墨子评论儒家"诵诗三百,弦诗三百,歌诗三百,舞诗三百",就是讲《诗经》三百首可诵、可弹、可歌、可舞的特点。其后历代诗词,既可以配乐演唱,又可以闻之起舞。汉唐以后,流行书画,二者更是难以分割,向来有言"书画同源",理论、技法都是相通的。诗画亦是如此,古语云"诗中有画，画中有诗"，画面上的题画诗往往画龙点睛，一语道破其中深意。元代以后兴起的戏曲，更是一种综合性的艺术。学者钱穆在比较中西文化中曾指出，中国文化讲"合"，西方文化讲"分"。具体呈现在中国文化中，诗画一体，书画同源，文、史、哲不分家；而西方各个艺术类别相对独立，歌剧、话剧也有分界。溯本寻源，是因为中国的艺术讲情、谈趣，讲喜怒哀乐之情，谈远近虚实之趣，而这一切都发之于心、源于一处，所以只能合；而西方艺术讲理、谈形，讲万事万物之理，谈长短方圆之形，皆归于物，物呈万象，所以必定分。

### 三、重视神韵的技法

中国传统艺术注重表现事物的意趣和人的内在情愫，在创作中突出神似，重在表现事物的意态和人物的神态，不必去考虑其本身的形态。中国画特别注重写意，京剧艺术中的脸谱、表演中的哭笑，都是一种写意，追求神似。明朝徐渭说："不求形似求生韵。"他自己就是写意画家。中国水墨画，黑团团中墨团团，墨团团中山水生，寥寥几笔，勾勒出大自然的神韵，飞禽走兽姿态意趣万千。注重神韵、大笔写意是中国艺术的本质特点。

### 四、突显现实的特性

中国传统艺术重视艺术的目的性和社会功能，突显现实的特性，注重教化的作用。孔子曰："诗可以兴，可以观，可以群，可以怨。迩之事父，远之事君。"就是说，《诗经》的现实意义，突显其思想教育作用，可以感发人的意志，可以观察兴亡得失，可以提高人的道德修养，还可以表现人们的哀怨情绪以批评不良政治。近可以侍奉父母，远可以为国君效力。汉朝以来，封建统治者以儒学作为自己的统治思想，因此，特别强调艺术的"厚人伦，美教化，移风俗"的社会作用，要求乐要移情，诗要言志，戏曲表演要教人为善，艺术有了鲜明的现实的功能性。西方艺术不讲明确的社会功能，人们对于艺术的要求主要是娱乐、刺激或得到一种艺术享受，雅与俗的界限不明显。

## 第二节　笔墨意蕴书与画

中华民族在悠久的历史活动中，积累了丰富的艺术审美经验，创造了瑰丽多姿的艺术作品，并由此形成了独特的艺术传统。中国传统艺术与其他文化形态一样，有着自身独特的理论思维方法，有着独特的审美概念和范畴，特点鲜明。书画学是中国传统国学的一门，中国古代书画以其独特的历史、技法、理论、审美传达着传统文化的深厚内涵。书画艺术是一门综合性的传统艺术，其诗、书、画、印一体化的独特表现形式，使它在世界艺术之林中独树一帜。

在中国传统艺术形态中，书法与绘画之间有着密切联系，同源共生，相辅相成。文字诞生之初，多是线条画成的画，或象形，或会意，后来慢慢演变，才成为现在使用的汉字（图7-2）。"书画同源"也是中国绘画区别于西方绘画的重要标志之一。汉代大书家蔡邕说："凡欲结子，皆须象其一物，若鸟之形，若虫食禾，若山若树，纵横有托，运用和度，方可谓书。"将中国的书法与绘画放在一起比较，二者不仅使用同样的笔、墨、纸章，且书法笔法中的横平、竖直、点、撇、捺的书法线条，也是入画的基本元素。元朝著名书画家赵孟頫曾在《秀石疏林图》中题诗云："石如飞白木如籀，写竹还于八法通，若也有人能会此，方知书画本来同。"（图7-3）题诗中道出的就是书画用笔的相通之处。书法注重笔力，画法注重线条，书画共同讲究"骨法""骨气"。因此，自古以来画家往往以书法中篆、隶、草书、飞白等笔法渗入画中，达到妙笔纵横、奇趣横生的境界。中国画中特有的水墨写意画与书法中行草的意趣相通，颇具深意。

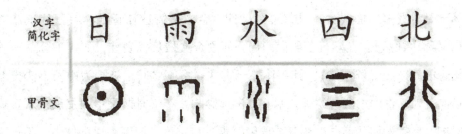

图7-2 早期象形文字

图7-3 元朝赵孟頫《秀石疏林图》纸本（现藏于北京故宫博物院）

《秀石疏林图》是赵孟頫最具代表性的一幅作品，其绘竹石，强调"以书法入画"，此幅绘枯木新篁生于平坡秀石之间，以飞白法画石，以篆书法绘树，纯用水墨表现，是其"书画同源"之理论在绘画实践中的具体体现，也是元朝文人画最具代表性的作品之一。

## 一、意态纵横的书法艺术

书法艺术源于使用汉字的书写，书法以汉字为表现对象，将毛笔作为主要书写工具，表现汉字形态和笔墨运动之美，同时，传达书写者的气质、修养、情绪等方方面面。

### （一）书法艺术的变迁

中国的书法艺术作品可以追溯到三千多年前，早在商代的甲骨文及青铜器上出现的古篆中，其线条及字体造型已初具明显的美术化与装饰化的倾向，体现出书法美的某些基本追求。殷商时期的甲骨文是中国最早的书法艺术作品。由于甲、骨本身的硬度，其镌刻的风格总体上是直线多、曲线少，显得瘦劲硬朗。金文是铸造在青铜鼎等宫廷重器上的文字，所以又称"钟鼎文"，盛行于殷商两周。西周金文最具代表性，如《毛公鼎》等。战国时期出现的石鼓文（图7-4），其字体介于古文与秦篆之间，被视为中国书法史上传世最早的珍品，对后世的书法与绘画艺术有着深远影响。秦汉时期是中国书法艺术正式得以形成的时期，后世长期并存、活跃至今的篆、隶、行、草、楷等主要字体中，不仅篆、隶兴盛一时，草、行、楷等字体也已崭露头角。

图7-4　石鼓文

小贴士

毛公鼎（图7-5）于清朝中晚期在陕西出土，是一件西周晚期的青铜器。它最出名的地方，是鼎内镌刻了大约500字的铭文。这是已经出土青铜器中铭文最多的一件，对于了解周代的社会经济有很大意义。

**图7-5　毛公鼎及其书法拓片（现藏于台北故宫博物院）**

### 1. 篆书

篆书有大篆、小篆之分。大篆通常指秦朝文字统一之前出现的所有篆体文字，其特征是笔画繁复，形体多变，且难于辨识。后来，小篆出现了，呈现规范的长方形，重心偏上，点画均匀、对称，汉字符号化的性质得以突显。《泰山石刻》（图7-6）是秦国小篆的代表作，传说出于李斯之手。除此之外，《峄山石刻》《琅琊台石刻》《会稽石刻》等，均可视为秦小篆的范本。

**图7-6　《泰山石刻》（局部）**

### 2. 隶书

隶书，书写方便，由篆书简化而成，始于秦朝，成熟于东汉，是汉代的官方字体，汉隶主要的载体有简牍隶书和碑刻隶书。隶书成熟以后，在东汉碑刻中大放异彩，现存东汉刻石，以桓帝、灵帝时期为多，后世所谓的"汉碑"主要是指这个时期的碑刻。传世汉碑达 170 件之多，其代表作品有《张迁碑》《曹全碑》《乙瑛碑》《流沙坠简》《居延汉简》等。

《乙瑛碑》（图 7-7），东汉永兴元年（153 年）刻，原石现存山东曲阜孔庙，与《礼器》《史晨》并称"孔庙三碑"，历为书家所重。

图 7-7　东汉《乙瑛碑》（局部）

### 3. 草书

草书是字体便捷的书写方法，笔画书写有连笔和简省，速度快捷。草书将书法的动感、韵律与节奏之美展示得淋漓尽致，最能表达强烈的情绪和情感。草书的发展经历了三个阶段，有章草、今草和狂草三种形式。草书起源于汉，本是汉隶的草写法，故又称"隶草"。发展成熟后，成为"章草"。章草由来有三种说法：一是因兴起于东汉章帝时代，二是因主要用于章奏，三是因为西汉史游的《急就章》是现在看到的最早的章草。其特征是用笔灵动，笔画连属，结体简约，但又保留了隶书结体较扁、字与字之间不相连缀的特点。其代表人物有杜度、崔瑗等。今草是章草的进一步草化，又称"小草"，笔画引带牵连，字字承接呼应，波折环转，体势妍美。相传它的创始人是东汉张芝。今草以东晋王羲之、王献之父子的作品最为著名，如《初月帖》《寒切帖》等。狂草又称"大草"，由今草演变而来，其笔力狂纵，灵动多变，通篇以意贯之，是最富有抒情意味的一种书体。其在唐朝达到巅峰，唐朝张旭的草书完全突破了"二王"的藩篱，异军突起，独具特色，人称"草圣"，其中，《古诗四帖》《草书心经》《肚痛帖》（图7-8）是其传世名作。与张旭齐名的还有书法家怀素，素有"颠张醉素"之称，传世之作有《自叙帖》（图7-9）《大草千字文》《苦笋帖》等。

图7-8　唐朝张旭《肚痛帖》

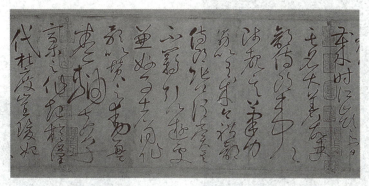

图7-9　唐朝怀素《自叙帖》（局部）

### 4. 楷书

楷书的笔画形态比隶书更为复杂，点、撇、捺等点画样式出现，并且固定下来。楷书有大楷、小楷之分，两者并非字体不同，而是艺术上有了差异，在实用中区别更大。古人以王羲之《兰亭序》开篇的"永"字为例，概括了楷书的基本点画和笔法，即"永字八法"。楷书的名师大家有曹魏的钟繇，东晋的王羲之、王献之父子，唐朝的书法家欧阳询、虞世南、褚遂良、颜真卿、柳公权，元朝的赵孟頫等人。欧阳询劲拔平正的《九成宫醴泉铭》（图7-10），虞世南遒美凝练的《孔子庙堂碑》，褚遂良清雅舒展的《孟法师碑》《雁塔圣教序》，颜真卿浑厚雄健的《多宝塔感应碑》（图7-11）、《麻姑仙坛记》《颜勤礼碑》（图7-12），柳公权结体匀整的《玄秘塔碑》《神策军碑》，均可视为唐朝楷书中的经典之作。

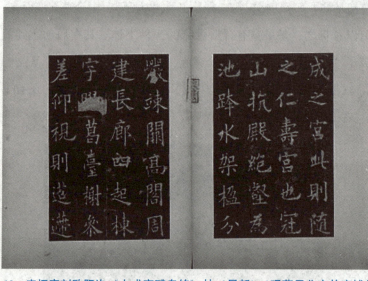

图 7-10　宋拓唐刻欧阳询《九成宫醴泉铭》帖（局部）（现藏于北京故宫博物院）

图 7-11　唐朝颜真卿《多宝塔感应碑》（全景图）

图 7-12　唐朝颜真卿《颜勤礼碑》（局部）

### 5. 行书

行书是介于草书与楷书之间的一种书体，其特征介于草书与楷书之间，字的偏旁及部分笔画简略，结体相对自由，形态多有变化，布局潇洒活泼。行书是人们日常生活中最常使用的书体，自汉代以来风行于世。行书的杰作极多，其中，最负盛名的是王羲之的《兰亭序》《快雪时晴帖》（图7-13），颜真卿的《祭侄稿》（图7-14），以及苏东坡的《黄州寒食诗帖》。

**图7-13　东晋王羲之《快雪时晴帖》**（现藏于台北故宫博物院）

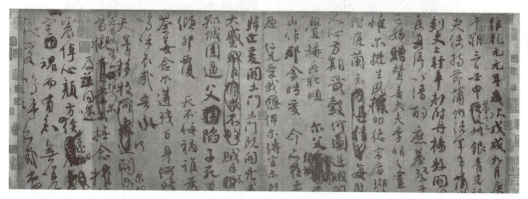

**图7-14　唐朝颜真卿《祭侄稿》**

（二）书法名家作品赏析

1. 王羲之《兰亭序》

明代董其昌云："晋人书法取韵，唐人取法，宋人取意。"魏晋书法受魏晋玄学的影响，以"二王"书风为代表，崇尚萧散自然、清秀冲和之美。"二王"，即指王羲之、王献之父子。王羲之是东晋伟大的书法家，被后人尊称为"书圣"，他的代表作有行书《快雪时晴帖》《姨母帖》《兰亭序》。

《兰亭序》书写于东晋永和九年三月三，众多名士在兰亭集会，诗酒之间，王羲之乘兴自撰自书，曲水流觞，其乐融融。这就是历史上著名的书法艺术杰作——《兰亭序》，这是一个首尾完整的长篇作品，共28行、324字，章法、结构、笔法、内容都很完美，充分展示了王羲之的书写技巧、运笔从容、八面出锋、笔势内敛，收放自如。《兰亭序》的书写技巧和艺术境界令后人叹为观止，成为不可逾越的高峰。《宋拓神龙兰亭序》如图7-15所示，《赵孟頫行书临兰亭序卷》（局部）如图7-16所示。

图 7-15 《宋拓神龙兰亭序》（现藏于北京故宫博物院）

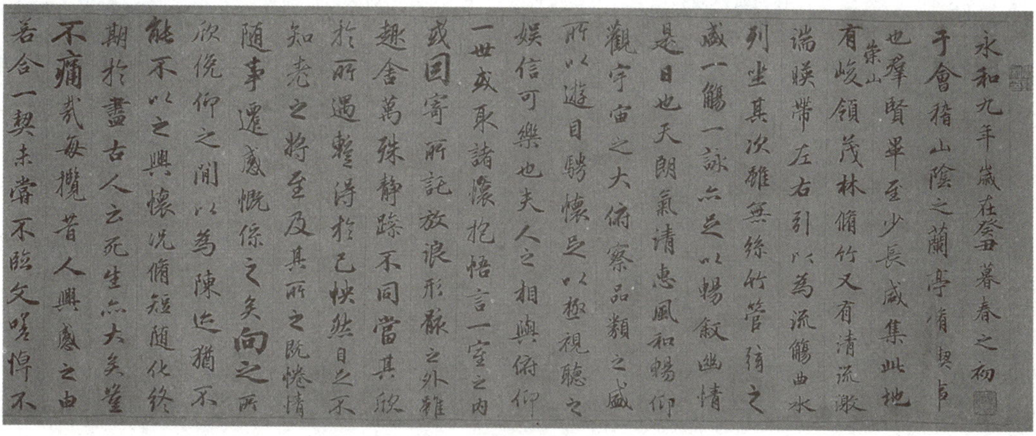

图 7-16 《赵孟頫行书临兰亭序卷》（局部）（现藏于北京故宫博物院）

### 2. 颜真卿《颜家庙碑》

苏轼曾云："诗至于杜子美，文至于韩退之，画至于吴道子，书至于颜鲁公，而古今之变，天下之能事尽矣。"（《东坡题跋》）颜真卿为琅琊氏后裔，家学渊源，祖先是孔子的弟子颜回。五世祖颜之推是北齐著名学者，著有《颜氏家训》。他的祖父、伯父都是文学家兼书法家。颜真卿自幼好学勤奋，承继家学，通晓文学、擅长书法。初学褚遂良，后师从张旭，兼容并收多家特长，形成自家独到的雄健、宽博的颜体楷书的风格。颜真卿传世碑刻较多，如《多宝塔碑》《东方朔画赞碑》《颜家庙碑》（图 7-17）等。

图 7-17 唐朝颜真卿《颜家庙碑》

《颜家庙碑》，全称《唐故统议大夫行薛王右柱国赠秘书少监国子祭酒太子少保颜君庙碑铭并序》，颜真卿篆文并书。书法劲力丰厚，也是他晚年得意之作。颜真卿擅长大字楷书，为了保持字形结构的稳重，颜真卿采用中锋书写笔画，厚实浑圆，无论笔法还是字法都贯通篆刻古法，形成一种新的楷书风格，和"二王"及初唐的风格不同。他的书体被称为"颜体"，与柳公权并称"颜柳"，并有"颜筋柳骨"之誉。颜体书法对后世书法艺术的发展产生了深远的影响，唐朝以后很多名家，都从颜真卿变法成功中汲取养分。

### 3. 苏轼《黄州寒食诗帖》

黄庭坚曾说："东坡此诗似李太白，犹恐太白有未到处。此书兼颜鲁公、杨少师、李西台笔意。试使东坡复为之，未必及此。它日东坡或见此书，应笑我于无佛处称尊也。"苏轼（1037—1101年），字子瞻，号东坡居士，四川眉山人，苏洵长子；与唐代的韩愈、柳宗元、宋代的欧阳修、苏洵、苏辙、王安石、曾巩合称"唐宋八大家"；其诗清新豪健，善用夸张比喻，在艺术表现方面独具风格，少数诗能反映民间疾苦，指责统治者的奢侈骄纵；词开豪放一派，与黄庭坚号称"苏黄"；擅长行书、楷书，取法李邕、徐浩、颜真卿，而能自创新意，用笔丰腴跌宕，有天真烂漫之趣，与黄庭坚、米芾、蔡襄并称"宋四大家"。

《黄州寒食诗帖》（图7-18）是苏轼行书的代表作。这是一首遣兴的诗作，是苏轼被贬黄州第三年的寒食节所发的人生之叹。诗写得苍凉多情，表达了苏轼此时惆怅孤独的心情。此诗的书法也正是在这种心情和境况下有感而出的。通篇书法起伏跌宕，迅疾而稳健，痛快淋漓，一气呵成。苏轼将诗句心境情感的变化，寓于点画线条的变化中，或正锋，或侧锋，转换多变，顺手断联，浑然天成。其结字亦奇，或大或小，或疏或密，有轻有重，有宽有窄，参差错落，恣肆奇崛，变化万千。《黄州寒食诗帖》在书法史上影响很大，与东晋王羲之的《兰亭序》、唐朝颜真卿的《祭侄稿》合称"天下三大行书"，或单称《黄州寒食帖》为"天下第三行书"。

图7-18　宋朝苏轼《黄州寒食诗帖》（现藏于台北故宫博物院）

## 二、写意传神的绘画艺术

中国画，简称国画，使用特制的毛笔、墨和颜料，在宣纸或布帛上作画。中国传统画通常可分为壁画和卷轴两大类；按其形式，分为人物画、山水画、花鸟画三大类。

中国的传统绘画历史悠久，以丰富而深厚的文化底蕴和独特的美学追求，在世界美术领域中自成体系、独树一帜，它是中国传统文化的重要组成部分，是中华民族的宝贵财富。相对于西洋画来说，中国画有着自己明显的特征。传统的中国画不讲焦点透视，不强调自然界对于物体光色的变化，不拘泥于物体外表的肖似，而多强调抒发作者的主观情趣，中国画讲求"以形写神"，追求一种"妙在似与不似之间"的感觉。

### 1. 人物画

人物画是中国绘画领域中历史最悠久，也是与社会生活和文化发展最为密切的绘画形式，往往体现出"成教化、助人伦"的特殊作用。从人物画的题材来说，其不外乎表现历史人物、宗教人物和现实人物三种；从人物的艺术手法来说，有工笔重彩、写意、白描等形式。战国人物御龙帛画如图7-19所示。

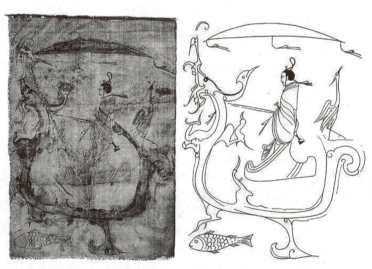

**图7-19 战国人物御龙帛画**（现藏于湖南省博物馆）

魏晋南北朝和隋唐时期，人物画发展到新的高峰。宗教画、肖像画、仕女画、历史画、社会生活画都有大量作品产生，杰出的人物画家辈出，他们都以不同的风格、卓越的成就，称绝当代，留名千古。东晋顾恺之的《女史箴图》（图7-20）、《洛神赋图》（图7-21），唐朝阎立本的《步辇图》（图7-22）、《历代帝王图》（图7-23），周昉的

《簪花仕女图》（图7-24），都是旷世名作。

图7-20　东晋顾恺之《女史箴图》

图7-21　东晋顾恺之《洛神赋图》（局部）

图7-22　唐朝阎立本《步辇图》（局部）

图 7-23　唐朝阎立本《历代帝王图》（局部）

图 7-24　唐朝周昉《簪花仕女图》（局部）

　　人物画到了五代两宋，发展趋势虽不及山水与花鸟，但也有自己的特色，这一时期出现了许多著名的人物画家。顾闳中是五代南唐的画院画家，他擅长人物画，善于描摹神情意态，最著名的作品是《韩熙载夜宴图》（图 7-25）。北宋人物画的另一个重要变化是风俗画，风靡一时。张择端的充满生活气息的风俗画《清明上河图》（图 7-26），以鸟瞰式画景法构图，描绘了清明时节，京城汴梁从城郊、汴河到城内街市的繁华景象，整幅画既有界面典雅精美的特点，又有写意画神韵毕肖的优点，在绘画史上具有极其重要的地位。

图 7-25　五代南唐顾闳中《韩熙载夜宴图》（局部）

图 7-26　北宋张择端《清明上河图》（局部）

## 2. 山水画

山水画是中国古代绘画中最强大的一个画种，意在表现山川之妙，并能为人类寻求精神寄托，是中国绘画艺术有别于西方绘画艺术的一个显著标志。山水画起源甚早，据史书记载，秦汉时期已经产生，但实物未见流传。而今所能见到的最早的山水画，当是东晋著名画家顾恺之的《女史箴图》和《洛神赋图》中的背景山水，这两幅画中所运用的基本表现技法，为以后中国山水画的发展奠定了坚实的基础。隋朝展子虔的《游春图》是现存最早的山水卷轴画，这幅画生动地展现了在青山绿水间，文人们踏青游春的雅兴，构图明丽幽远，层次丰富多变。此画最大的特点是大胆施以青绿色，"青绿山水法"由此而创，为唐朝青绿山水画派的形成开了绪端，这幅画在我国山水画史上占有重要地位。

依据形式、技法与色彩，中国古代山水画逐渐形成了"青绿山水"与"水墨山水"两个类型。"青山绿水"的特点，主要以矿物颜料的石青与石绿着色，渲染色泽艳丽的丘壑林泉。隋朝画家展子虔堪称此类画法的开创者。"水墨山水"的特点则是不施色彩，而仅以墨分五色的浓、淡、焦、干、湿表现景物。唐朝的吴道子是此类画法的首创者。

中国绘画史上，山水画卷精品颇多，如唐朝王维的《辋川图》、张璪的《寒林图》，北宋王希孟的《千里江山图》（图7-27），元朝赵孟頫的《鹊华秋色图》（图7-28）、黄公望的《富春山居图》，明朝文徵明的《春深高树图》、董其昌的《昼锦堂图卷》，清朝王翚的《平林散牧图》、石涛的《双清阁之图》，都是绘画史上的珍品。

图7-27　北宋王希孟《千里江山图》（局部）（现藏于北京故宫博物院）

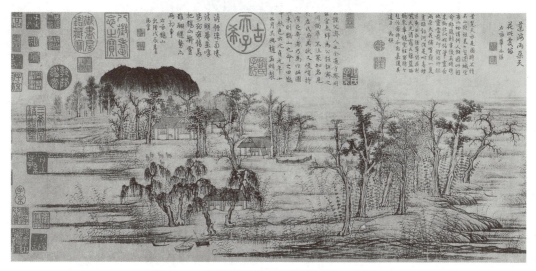

图7-28　元朝赵孟頫《鹊华秋色图》（局部）

### 3. 花鸟画

中国花鸟画形成较晚。远古时朝，花鸟经常被作为艺术表现对象。到了宋朝，花鸟画逐渐趋向于松、竹、梅、兰、菊。尤其是文同、苏轼等人创造出的极富文人意味的画种——墨竹，开了绘画的新风。花鸟画在清朝同样精品迭出，《荷花小鸟图》是清朝号称"八大山人"的画家朱耷的代表作，造型孤傲夸张，寥寥数笔而神韵绝佳，对后世写意花鸟画的发展有巨大的影响。扬州画派是清朝乾隆时期最具生命力、最为活跃的花鸟画派，其代表人物是号"板桥"的郑燮。郑板桥在绘画中善画兰、竹、石，尤精墨竹，注重"瘦与节"的结合，其作品往往是自己思想和人品的化身，其作品《竹石图》如图 7-29 所示。

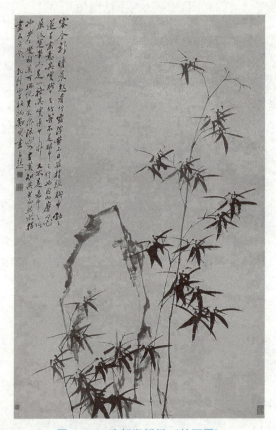

图 7-29　清朝郑板桥《竹石图》

## 第三节　典雅追求乐与舞

中国古代艺术，乐与舞往往相伴而生。《乐记》云："声成文，谓之音。"就是说，

"声"经过组织，用节奏、和声、旋律等构成音乐形象与舞蹈、诗歌结合起来，就形成了乐与舞，可以表达感情，展示意境。戏曲属于乐与舞的结合，形成了独特样式。

## 一、教化天下的音乐艺术

从出土的文物中见到的新石器时代的石磬、骨哨、骨笛之类原始乐器的史料来看，中国有迹可考的音乐文化有七八千年的漫长历史。在各类艺术中，音乐艺术有着独特且不可替代的魅力和影响，尤其中国封建社会鼎盛的隋唐时期，中外文化交流空前频繁。唐人敞开胸怀广泛吸收各族各国文化艺术精华，推陈出新，铸造了耀眼夺目的居世界最先进行列的大唐文明，深为各国所羡慕，对世界各国，尤其亚洲各国产生了重大的影响。中国古代的音乐艺术，是世界音乐文化宝库中的一颗明珠。

**小贴士**

贾湖骨笛（图7-30），1987年出土于河南舞阳贾湖遗址282号墓，长23.1厘米，7孔，距今8000多年，是贾湖骨笛中保存最为完整，经现代测量音准最佳的一支。该遗址目前出土骨笛40余支，多为7孔，个别为2孔、5孔、6孔或8孔，皆以鹤类禽鸟中空的尺骨制成，距今7500~9000年，按照年代早晚，依次吹奏出五声、六声至七声音阶。贾湖骨笛是迄今为止中国发现的时代最早的可吹奏的管乐器，改写了中国音乐史，堪称中国古代音乐文明史的奇迹，也是世界音乐文明的杰出代表。

图7-30 贾湖骨笛（现藏于河南博物院）

宫廷音乐，是指历代统治者在宫廷内部或朝廷仪式中为宫廷统治者演奏的音乐，它具有功利性、礼仪性、旋律与节奏"雅化"的特点，其中，西周的雅乐、唐朝的燕乐可以说是宫廷音乐发展的两座高峰。

小贴士

　　曾侯乙编钟（图7-31）是我国迄今发现数量最多、保存最好、音律最全、气势最宏伟的一套编钟。曾侯乙编钟，战国早期文物，中国首批禁止出国（境）展览文物，1978年在湖北随县（今随州市）出土。它是由65件青铜编钟组成的庞大乐器，其音域跨五个半八度，十二个半音齐备，相信这在2400多年前绝对是一件超级乐器，是世界第一。它高超的铸造技术和良好的音乐性能，改写了世界音乐史，被中外专家、学者称为"稀世珍宝"。

图7-31　曾侯乙编钟（现藏于湖北省博物馆）

　　中国是五声音阶，西方人是七声音阶，西方人曾一度觉得五声音阶显然是落后于七声音阶的，然而，2400多年前的曾侯乙编钟出土之后，当西方人亲耳聆听到我们敲响它的时候，震惊了。

　　其出土至今，共奏响过三次。第一次是1978年，对它进行校音；第二次是1984年，庆祝35周年国庆；第三次是迎接香港回归。这是我们的骄傲，民族的骄傲，国家的宝藏。

　　梨园表演的大曲，典雅而严谨，被称为法曲。唐玄宗创作的《霓裳羽衣曲》就是最有名的一首法曲，全曲共分三十六段，集中了唐朝及以前音乐舞蹈的艺术精华，曾使无数诗人赞叹不已，唐朝诗人白居易在自己的诗篇中，留下了对这一作品的由衷赞美和精彩描绘。这一作品开始是器乐的引子，但不舞；进入中序开始有拍，舞者翩然起舞，千变万化，美不胜收；再后是第三部分，乐曲进入高潮，音乐节拍陡然转为急促；最后，"翔鹤舞了却收翅，唳鹤曲终长引声"，如同仙鹤飞翔的舞人缓缓停下，乐曲不像别的大曲在急速促拍中戛然而止，却是一声器乐的长引，似乎意犹未尽。这首最著名的"法曲"传入朝鲜、日本等国，对这些国家乐舞产生了重大影响。

宗教音乐，是指由宗教信徒演奏或是为宗教信仰目的而演奏的音乐，具有仪式性、教义性和神秘性的特点。中国古代宗教音乐主要存在佛、道两大音乐体系。

文人音乐，是指历代具有一定文化修养的知识分子阶层创作流传的音乐作品，所表现的是古代知识分子阶层在不同时代所特有的精神气质和审美情趣，其特点是文学和音乐的高度结合。

民间音乐，是指由普通百姓集体创作的、真实地反映了他们的生活情景、生动地表达了他们的感情愿望的音乐作品。它具有创作过程集体性、传播方式口头性以及音乐曲调的变易性等特性。

## 二、多姿多彩的舞蹈艺术

舞蹈是人类最古老的的艺术样式。我国舞蹈产生于原始社会的群体生活。早期的舞蹈是与诗歌、音乐结合在一起，伴随着巫术活动的仪式，是先民日常生活交流思想感情的重要方式，也反映了原始人的宗教意识和神灵观念。

中国古代舞蹈可以分为礼仪舞蹈、宗教舞蹈、民间舞蹈、民族舞蹈、戏曲舞蹈等类别。

原始舞蹈可追溯到旧石器时朝。原始舞蹈的内容和形式比较简单，主要反映现实生活，狩猎、农耕等生产生活场景，如《葛天氏之乐》。原始舞蹈形式随意，模仿性是其最大的特征。

夏商开始，舞蹈进入了表演艺术阶段。女乐队伍壮大，推动古代乐舞的发展。古代社会妇女地位低下，为生活所迫，许多女性沦为歌舞乐伎，她们用自己的才华演绎了各个时代的舞蹈之美，构成了我国独特的乐舞艺术风格。

商代舞蹈以祭祀性巫舞为代表。大量祭祀舞蹈的记录出现在甲骨文当中，如《隶舞》《羽舞》《龙舞》等。西周"制礼作乐"，有了最早的"雅乐"舞蹈。礼仪舞蹈是古代社会礼乐教化的一部分。自上古三代开始的礼乐教化，通过乐舞礼仪体现社会的等级制度，规范上下、尊卑的亲疏关系。

春秋战国时期，各地民间歌舞蓬勃发展，取代了雅乐舞的地位。

秦汉时期，是一种新的表演艺术——"百戏"的繁荣时期。"百戏"是杂技、武术、舞蹈、音乐等多种技艺的综合表演。受其影响，汉代舞蹈技艺性很强，《盘古舞》是汉代著名的舞蹈，其中，有高难度的腰肢技巧，汉代还有不少手执武器的《剑舞》等。

魏晋南北朝的舞蹈发展主要体现在"清商乐"的发展中，清商乐是这一时期俗乐舞的总称，如《拂舞》《白纻舞》等，以《白纻舞》最为有名；以昭君出塞故事为内容的《明君舞》也很有代表性。

唐朝舞蹈发展到辉煌的顶峰。舞蹈从乐舞中独立出来，成为独立的艺术品种，并形成自己的舞蹈分类法。按照舞蹈的风格特点划分为"软舞""健舞"。"软舞"抒情柔美，节奏舒缓，以《绿腰》为代表；"健舞"矫健有力，节奏明快，以《胡旋》为代表。唐朝舞蹈的发达，还体现在舞蹈的编排上，唐代宫廷将乐舞节目的水准，按照演出形制分为"坐部伎""立部伎"。《破阵舞》是体现二者特点的最著名舞蹈。唐朝还产生了戏剧因素的歌舞伎，其代表作品是《踏摇娘》《钵头》《大面》等，也是后世戏曲艺术的雏形。唐朝舞蹈的画面如图7-32所示。

图7-32　唐朝舞蹈的画面

唐朝以后，舞蹈艺术逐渐衰落，宋朝宫廷乐舞主要形式是"队舞"。宋朝比较盛行故事舞蹈，结合唱词叙述故事，歌舞者载歌载舞。该类型著名舞蹈有《降黄龙》，还有《剑舞》，表现书法家张旭观公孙大娘舞剑的故事。综合情节化是宋朝舞蹈的主要特征，它和同时发展起来的戏曲互相映衬。

元朝舞蹈比宋代更加衰落，戏曲已发展成熟，成为社会娱乐的主要形式。

明清时期，独立的表演性舞蹈已基本销声匿迹，民间歌舞比较盛行。明清代表性的民间舞蹈有《秧歌》《高跷》《旱船》《太平鼓》《龙舞》《狮舞》《花鼓舞》等。

### 三、载歌载舞的戏曲艺术

中国传统戏曲与音乐舞蹈密切相关。与西方的话剧、歌剧、舞剧等艺术不同，中国古代戏曲在长期的历史发展中，形成了形式多样、风格各异的戏曲大观园。它是在民间说唱、音乐、舞蹈相互兼容的基础上，形成的"以歌舞唱段展示故事"的艺术形式。其中有代表早期戏曲雏形的古代傩戏、汉代百戏、唐代参军戏，有代表传统戏曲走向成熟的宋元杂剧，还有代表传统戏曲在元杂剧之后进一步发展繁荣的明清传奇，更有以京剧为代表的地方戏曲等。元杂剧人物如图 7-33 所示。

图 7-33　元杂剧人物（洪洞明应王殿壁画）

中国传统戏曲的起源，最早可以追溯到原始时期的歌舞。原始歌舞最初是集诗歌、舞蹈、音乐为一体的，用以表现对鬼神的祭祀、对祖先的崇敬、对丰收的喜庆，以及后来对男女爱情的倾心唱颂。

中国戏曲的成熟是在宋元时期。随着北宋社会经济的发展，城市日趋繁荣，市民阶层不断扩大，因而，北宋的主要商业城市出现了市民游艺区——瓦舍。

明清时期，中国古典戏曲继元杂剧之后进入又一个大发展、大繁荣的历史新时期，其代表形式是传奇。明朝传奇最杰出的作品是汤显祖的《牡丹亭》，整个作品展现了浪漫主义和现实主义的完美结合，形式与内容达到了高度统一。《牡丹亭》借杜丽娘为追求爱情死而复生的故事，强烈地表达出对封建礼教的挑战和反叛，发出了被压抑的青春、被窒息的人性的呼唤，它所达到的思想成就和艺术成就，使汤显祖成为享誉中国乃至世界的一位文化名人，日本学者曾称他为"中国的莎士比亚"。在地方戏曲中，特别值得一提的是后来被称为"国剧"的京剧，今天，京剧这一戏曲形式不仅深受国人的喜爱，而且还作为中国传统文化的一种承载形式得到世界各国人民的青睐。

中国传统艺术不仅以鲜明的民族特色跻身世界艺术之林，而且对世界其他民族艺术的发展也起到了推动作用。一些学者甚至断言，中国传统艺术中那种超越苦难、欲望、激情和冲突之上的平淡恬静、天人合一、物我两忘的境界，有可能成为未来世界艺术中的主流。从这个意义上，我们可以自豪地说，中国传统艺术既是传统的又是现代的，既是中国的又是世界的。

**拓展阅读**

1. 《论艺术的空灵与真实》

## 论文艺的空灵与充实①

### 宗白华

文艺境界的广大，和人生同其广大；它的深邃，和人生同其深邃，这是多么丰富、充实！孟子曰："充实之谓美。"这话当作如是观。

然而它又需超凡入圣，独立于万象之表，凭它独创的形相，范铸一个世界，冰清玉洁，脱尽尘滓，这又是何等的空灵？

---

① 本文选自宗白华《美学散步》，有删减。

空灵和充实是艺术精神的两元，先谈空灵！

艺术心灵的诞生，在人生忘我的一刹那，即美学上所谓"静照"。静照的起点在于空诸一切，心无挂碍，和世务暂时绝缘。这时一点觉心，静观万象，万象如在镜中，光明莹洁，而各得其所，呈现着它们各自的充实的、内在的、自由的生命，所谓万物静观皆自得。这自得的、自由的各个生命在静默里吐露光辉。苏东坡诗云："静故了群动，空故纳万境。"王羲之云："在山阴道上行，如在镜中游。"

空明的觉心，容纳着万境，万境浸入人的生命，染上了人的性灵。所以周济说："初学词求空，空则灵气往来。"灵气往来是物象呈现着灵魂生命的时候，是美感诞生的时候。

所以美感的养成在于能空，对物象造成距离，使自己不沾不滞，物象得以孤立绝缘，自成境界：舞台的帷幕，图画的框廓，雕像的石座，建筑的台阶、栏干，诗的节奏、韵脚，从窗户看山水、黑夜笼罩下的灯火街市、明月下的幽淡小景，都是在距离化、间隔化条件下诞生的美景。

然而这还是依靠外界物质条件造成的"隔"。更重要的还是心灵内部方面的"空"。司空图《诗品》里形容艺术的心灵当如"空潭泻春，古镜照神"，形容艺术人格为"落花无言，人淡如菊""神出古异，淡不可收"。艺术的造诣当"遇之匪深，即之愈稀""遇之自天，泠然希音"。

精神的淡泊，是艺术空灵化的基本条件。欧阳修说得最好："萧条淡泊，此难画之意，画家得之，览者未必识也。故飞动迟速，意浅之物易见，而闲和严静，趣远之心难形。"萧条淡泊，闲和严静，是艺术人格的心襟气象。这心襟，这气象能令人"事外有远致"，艺术上的神韵油然而生。陶渊明所爱的"素心人"，指的是这境界。他的一首《饮酒》诗更能表出诗人这方面的精神状态：

"结庐在人境，而无车马喧。问君何能尔，心远地自偏。采菊东篱下，悠然见南山。山气日夕佳，飞鸟相与还。此中有真意，欲辨已忘言。"

"自远"是心灵内部的距离化。然而"心远地自偏"的陶渊明才能悠然见南山，并且体会到"此中有真意，欲辨已忘言"。可见艺术境界中的空并不是真正的空，乃是由此获得"充实"，由"心远"接近到"真意"。

这不正是人生的广大、深邃和充实？于是谈"充实"！

尼采说艺术世界的构成由于两种精神：一是"梦"，梦的境界是无数的形象（如雕刻）；一是"醉"，醉的境界是无比的豪情（如音乐）。这豪情使我们体验到生命里最深的矛盾、广大的复杂的纠纷；"悲剧"是这壮阔而深邃的生活的具体表现。所以西洋文艺顶推重悲剧。悲剧是生命充实的艺术。西洋文艺爱气象宏大、内容丰满的作品。荷马、但丁、莎士化亚、塞万提斯、歌德，直到近代的雨果、巴尔扎克、斯丹达尔、托尔斯泰等，莫不启示一个悲壮而丰实的宇宙。

歌德的生活经历着人生各种境界，充实无比。杜甫的诗歌最为沉着深厚而有力，也是由于生活经验的充实和情感的丰富。

周济论词空灵以后主张："求实，实则精力弥满。精力弥满则能赋情独深，冥发妄中，虽铺叙平淡，摹绘浅近，而万感横集，五中无主，读其篇者，临渊窥鱼，意为魴鲤，中宵惊电，罔识东西，赤子随母啼笑，乡人缘剧喜怒。"这话真能形容一个内容充实的创作给我们的感动。

黄子久（元代大画家）终日只在荒山乱石、丛木深筱中坐，意态忽忽，人不测其为何。又每往泖中通海处看急流轰浪，虽风雨骤至，水怪悲诧而不顾。

他这样沉酣于自然中的生活，所以他的画能"沉郁变化，与造化争神奇"。六朝时宗炳曾论作画云"万趣融其神思"，不是画家这丰富心灵的写照吗？

中国山水画趋向简淡，然而简淡中包具无穷境界。倪云林画一树一石，千岩万壑不能过之。哀弦急管，声情并集，这是何等繁富热闹的音乐，不料能在元人一树一石、一山一水中体会出来，真是不可思议。元人造诣之高显出中国艺术境界的最高成就！

叶燮在《原诗》里说："可言之理，人人能言之，又安在诗人之言之；可征之事，人人能述之，又安在诗人之述之，必有不可言之理，不可述之事，遇之于默会意象之表，而理与事无不灿然于前者也。"

这是艺术心灵所能达到的最高境界！由能空、能舍，而后能深、能实，然后宇宙生命中一切理一切事无不把它的最深意义灿然呈露于前。"真力弥满"，则"万象在旁"，"群籁虽参差，适我无非新"（王羲之诗）。

综上所述，可见中国文艺在空灵与充实两方都曾尽力，达到极高的成就。所以中国诗人尤爱把森然万象映射在太空的背景上，境界丰实空灵，像一座灿烂的星天！

**启迪：**宗白华（1897—1986年），中国现代美学家。他把中国艺术精神的重要特点归结为"充实"与"空灵"，"有限"与"无限"的统一。本文是其艺术思想的集中体现。作者认为"空灵和充实是艺术精神的两元"，艺术创作既要反映人生广大、深邃、复杂、壮阔的内容和情感，同时，又要拥有超凡入圣、脱俗淡泊的灵魂和精神世界；对于宇宙人生，应入乎其内，又须出乎其外，入乎其内，故有生气，出乎其外，故有高致；空灵追求一种淡然闲和的艺术人格，充实体现一种深厚有力的生命体验。空灵在于超然静观灵动，充实在于具体丰实动人；二者各得其所，又互补互成，相得益彰；如同中国画，简淡中包具无穷境界，遇之于默会意象之表，而理与事无不灿然于前者，达到艺术心灵的最高境界。

2.《七德舞》

### 七德舞—美拨乱，陈王业也[①]

白居易

七德舞，七德歌，传自武德至元和。

元和小臣白居易，观舞听歌知乐意，乐终稽首陈其事。

太宗十八举义兵，白旄黄钺定两京。

擒充戮窦四海清，二十有四功业成。

二十有九即帝位，三十有五致太平。

功成理定何神速，速在推心置人腹。

亡卒遗骸散帛收，饥人卖子分金赎。

魏徵梦见子夜泣，张谨哀闻辰日哭。

---

① 文字整理自网络。

怨女三千放出宫，死囚四百来归狱。

剪须烧药赐功臣，李勣鸣咽思杀身。

含血吮创抚战士，思摩奋呼乞效死。

则知不独善战善乘时，以心感人人心归。

尔来一百九十载，天下至今歌舞之。

歌七德，舞七德，圣人有作垂无极。

岂徒耀神武，岂徒夸圣文。

太宗意在陈王业，王业艰难示子孙。

**译文**：七德舞，七德歌，从高祖武德年间传到今日的宪宗元和年间。元和年间的小臣白居易，听歌看舞了解乐曲的含意，乐曲终了，向君主叩头说说《七德舞》这件事。

太宗18岁便开始打天下举义兵，以他的神武英才，持白旄黄钺攻取长安和洛阳；生擒了割据头领王世充、杀死窦建德，四海平清。24岁便大功告成，完成统一大业。29岁登基为帝，35岁时就使国家强盛、太平。太宗平定乱世，建立大业为何能如此神速？就在于他能够与下级和百姓以心换心。太宗动用国家财政安葬阵亡将士，用钱赎回因饥贫被变卖的百姓子女；太宗担心国之良臣魏徵的病患而形诸梦寐，另一位贤臣张公谨去世，太宗亲自治丧并不顾禁忌而痛哭失声；太宗将三千宫女释放出宫禁，让她们自由择婿婚配；太宗放四百囚犯回去与亲人团聚，这些囚犯如期归来竟无一人潜逃；太宗不顾"不伤发肤"的传统剪自己的胡须为功臣配药，大将李勣感激涕零杀身图报；太宗亲自为将士疗伤甚至为中箭的创口吮血，大将军李思摩感动高呼要求效死。总之，太宗不仅本身英勇善战而且善于利用天时，用真心来感动人，收拾人心。以上的"七德"迄今已经有190年，但朝廷、国民都还载歌载舞地纪念。

今日歌七德，舞七德，太宗的上述言行，应成为后世无穷的典范。这并非仅仅是夸耀太宗神武和文德！太宗传下此歌此舞的用意，是为了向子孙后代讲述创业和守业的艰难！

启迪：《秦王破阵乐》是一部集歌、舞、乐于一体的大型综合性宫廷乐舞，由唐初军歌《破阵乐》发展而来。据《唐书·乐志》记载："唐制，凡命将出征，有大功献俘馘，其凯乐用铙吹二部，乐器有笛筚篥箫笳铙鼓歌七种，迭奏《破阵乐》等四曲：一《破阵乐》，二《应圣期》，三《贺圣欢》，四《君臣同庆乐》。"高祖武德三年（620年），秦王李世民打败了地方割据势力刘武周，巩固了刚刚建立的唐政权。其将士赞颂秦王的功绩，为旧曲《破阵乐》填入新词："受律辞元首，相将讨叛臣。咸歌《破阵乐》，共赏太平人。"曲名也改为《秦王破阵乐》，由宫廷乐队演奏。唐人刘𬣙《隋唐嘉话》对此有具体的记载："太宗之平刘武周，河东士庶歌舞于道，军人相与为《秦王破阵乐》之曲，后编乐府云。"唐代的宫廷乐队分为上、下两部，上部为雅乐，坐着演奏，称为"坐部伎"；下部为俗乐，站着演奏，称为"立部伎"。《秦王破阵乐》的表演队伍属于"立部伎"，即俗乐。至于《秦王破阵乐》的演出规模和创作经过，《新唐书·礼乐志》中也有具体的记载："太宗为秦王时，征伐四方，民间作《秦王破阵乐》之曲。及即位，享宴奏之。贞观七年，太宗亲绘《破阵乐舞图》，诏令魏徵、虞世南作歌词，更名为《七德舞》。"其尾声为歌者和曰："秦王破阵乐。"至此，才形成了完整而壮观的燕乐大曲《秦王破阵乐》。也就是说，这个《秦王破阵乐》是唐太宗亲自从军中将士的歌舞改编并改名的。唐人杜佑《通典》和宋代郑樵在《通志》中，还具体介绍了李世民改编此舞乐的具体细节，"乃制舞图，左圆右方，先偏后伍，交错屈伸，以象鱼丽、鹅鹳""箕张翼舒，交错屈伸，首尾回互，以象战陈之形""后令魏徵、褚亮、虞世南、李伯药更制歌辞，名曰《七德舞》""令起居郎吕才依图教乐工百二十人，被甲执戟而习之，以象战陈之形。""元日、冬至，朝会庆贺，与《九功舞》同奏。"（杜佑《通典》卷146；郑樵《通志略》"乐略"第一）。所谓"七德"，于《左传·宣公十二年》记载，指君王应具备的"禁暴、戢兵、保大、保功、安民、和众、丰财"七种德行。它以恢宏的气势、壮阔的场面，表现了唐初统治者开国的英武豪迈之气和大唐国威，表现了新兴王朝蓬勃向上的时代精神。按照太宗亲绘《破阵乐舞图》，这个舞乐的队伍由128名披甲执戟的壮士组成，布成战阵，舞蹈分为三段，每段四种战阵。其中，舞者"往来击刺，疾徐应节，抑扬蹈厉，声情慷慨，相传观者莫不扼腕踊跃，凛然震悚"（王溥《唐会要》）。该舞乐原属于立部伎，但是因为这部大曲在演奏时，杂以热烈欢快的龟兹乐，擂起大鼓，声震数里，摇荡山谷，不仅能显示国家的统一和强大，而且还表现出某种气度和魄力，所以无论是朝会大典所用的《九部乐》《十部乐》，还是宴飨娱乐所用的《立部伎》《坐部伎》，都列有《破阵乐》。据段安节《乐舞杂录》记载，在宴请藩国表演此节目时，还将战马引入表演现场增加真实的战斗气氛。如今敦煌莫高窟 217 号壁画《破阵乐舞势图》，即真实地再现了这一场场面。白居易的诗就是对舞蹈盛景的记录与展示。

3. 京剧名剧联句

## 京剧名剧联句①

苏三起解乌龙院，贵妃醉酒汾河湾。

徐策跑城华容道，红鬃烈马鸿门宴。

四郎探母甘露寺，霸王别姬文昭关。

打侄上坟珠帘寨，击鼓骂曹谢瑶环。

杨门女将春闺梦，游龙戏凤失空斩。

李陵碑，定军山，二堂舍子打金砖。

罗成叫关奇冤报，贺后骂殿秦香莲。

辕门斩子除三害，文姬归汉断密涧。

双阳公主武家坡，嫦娥奔月三家店。

赵氏孤儿群英会，洪洋洞里桃花扇。

三娘教子法门寺，草船借箭滑油山。

四进士，大登殿，当锏卖马铡美案。

笑谈古今图一乐，关公秦琼可一战。

---

① 本文来源于微博白马晋一《西湖小语 | 京剧的脸谱：浓墨重彩中的戏里千秋！》。

启迪：京剧是我国的国粹之一，广受各界人士的喜爱。上段小文，将京剧经典剧目中的人物、事件、地点等元素联句成文，颇有趣味。200 余字，近 50 个剧目，个个都是经典，耐人探寻。

1. 谈一谈你对中国传统艺术特点的理解，请举例说明。

2. 简述中国古代书画艺术发展的历程。

3. 简述中国古代乐舞艺术发展的历程。

# 第八章　独树一帜的中医药文化

**教学目标**

中医药学是中国古代科技成就的瑰宝，通过本章节的学习，了解中医药的文化渊源、文化内涵、辉煌成就，管中窥豹，意图通过一些线索，引发读者对于中医药与传统文化的深度思考。

**重点难点**

中医药文化博大精深，本篇章主要从文化的视域下探讨中医药，深入理解中医药文化和传统文化之间的关联与精神实质。

**引　文**

我国的中医药学历史悠久，博大精深，在世界医学史上独树一帜。它以悠久的发展起源、完备系统的理论体系、浩博的医学典籍、丰富的诊疗经验、独特的诊疗技术、显著的诊疗效果成为最具代表性的中华优秀传统文化，是中国传统文化中最宝贵的遗产之一。

## 第一节　中医药的文化概述

"中医药文化"的定义莫衷一是。中华中医药学会中医药文化分会在 2005 年 8 月召开的全国第八届中医药文化研讨会，首次明确了"中医药文化"的定义，即中医药文化是中华民族优秀传统文化中，体现中医药本质与特色的精神文明和物质文明的总和。我国的中医学在世界医学史上独树一帜，是中国传统文化中最珍贵的遗产之一。本节将从中医药文化的特点、中医基础理论的主要内容两方面概述其特质。

## 一、中医药文化的特点

中医药学是我国先民长期与疾病斗争的智慧结晶，有着丰富的实践经验、系统的理论知识和独特的医疗技术。

### （一）中医药文化的发展

中华医药萌芽于原始社会（史前西周时期），医药学的萌芽自古以来有不同看法，传说"神农尝百草始有医药"（图8-1），举《淮南子·修务训》作为佐证（《淮南子》，又名《淮南鸿烈》《刘安子》，是西汉皇族淮南王刘安及其门客集体编写的一部哲学著作，杂家作品）。尝百草，反映出医药起源于劳动时间认识的过程，"一日而遇七十毒"，足见先民们在发现药物的过程中付出过巨大的代价。

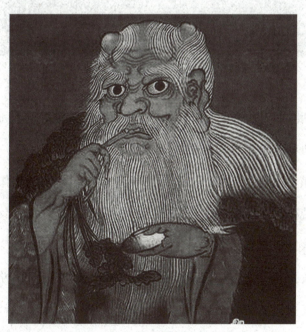

**图 8-1　传说中神农氏的画像**

萌芽阶段，呈现医巫不分的特点。由于巫的显赫地位，他们又是替人解除痛苦的群体，医巫常常相互利用，医借助巫而传播，巫则借部分医药知识帮助人解除疾苦。

　　春秋战国至秦汉时期，政治经济文化的快速发展，为中医药学发展创造了条件，特别是文字的创造和统一，为医药学知识交流汇通提供了有利环境，使得中医理论、临床、药物学形成了基本框架和比较系统的体系。

　　《黄帝内经》（图 8-2）、《难经》（已失传）、《神农本草经》、《伤寒杂病论》这四部经典的著成，标志着中医药理论体系形成。

图 8-2　《黄帝内经》

　　三国两晋南北朝时期，在追求个体生命价值的玄学以及道教的双重影响下，人们重视对医药学的研究；唐朝盛世更为医药学的分化发展提供了物质保障、人才保障和思想沃土，这一时期在《黄帝内经》《伤寒杂病论》《神农本草经》医药著作指导下，广大医药学者结合临床实践使得中医药理论得到了充实和发展。

　　宋金元时期是医药学创新发展的时期，印刷术的应用，为宋代及以后中医药成果出版、学习提供了极大便利，进一步推动了中医药学的发展。病因学说更加系统化、理论化。针灸学科飞速发展，王惟一于 1026 年（北宋）撰成《铜人腧穴针灸图经》，刻于石碑供人抄印。他还设计了与真人大小一致的铜人，外刻经络腧穴，内置脏腑，供教学和考试用，使针灸的理论、教学和临床知识系统化，促进针灸学发展。

小贴士

针灸铜人（图8-3），明正统八年（1443年）明仿宋铸制，通高213厘米。北宋不断发现针灸新穴位，多由不同医生发现，难以交流验证。为防止混乱，医官王惟一于大圣四年（1026年）铸造了两个空心铜人体模型，其全身标注559个穴位，其中，107个是一名二穴，故全身共有666个针灸点。铜人既是针灸医疗的范本，又是医官院教学与考试的工具。考试时，铜人外层涂蜡，穿上衣服，体内灌水；学生根据命题以针刺穴，针入水出，方为合格。两具铜人分别放在医官院和大相国寺。金灭北宋，相国寺的铜人毁于战火，仅剩医官院内的铜人。元灭金后，将此铜人运至大都（今北京市）。因长期使用磨损，不堪再用，于是尼泊尔人阿尼哥奉命按样仿铸了一个新铜人。明灭元后，这个铜人仍然继续使用。但到明英宗时，又因磨损而无法再用，于是再仿铸一个，此即现存者。此仿铸铜人忠实于宋代原物，准确反映了宋代针灸学的水平。

**图8-3 明仿宋制针灸铜人（现藏于国家博物馆）**

明清时期，随着科学技术进步和医药学理论、实践的丰富和发展，中医药学已经达到新高度，出现一个比较繁荣的阶段。明清时期，中医药主要特点在于综合与集成，对前人的成

果进行批判地集成和发展。李时珍倾其毕生精力所著医药巨著《本草纲目》（图8-4），是中医药学发展的里程碑。

图8-4　明万历二十一年金陵胡承龙刻明重修本《本草纲目》

晚清至民国时期，中医药学一度低迷。中华人民共和国成立以来，政府高度重视中医药事业的继承和发扬，并制定一系列相应的政策和措施。随着现代自然科学技术和国家经济的发展，本草学也取得了前所未有的成就。2015年，屠呦呦因青蒿素这一研究成果荣获诺贝尔生理或医学奖。

### （二）中医药文化的核心特点

#### 1. 诊断和治疗的整体观念

它将人体的生理机能看作一个整体，进而把人体的生理机能与自然环境看作一个整体，把治病过程看作一个统一性运动，认为人体各部位器官的功能休戚与共，认为自然环境影响人体的生理功能，人的病理过程实际就是外在环境作用于内部肌体的过程。

例如：昼夜阴阳变化与病理变化。昼夜节律也称日节律。阴阳消长进退，气机升降开合的昼夜变化，是大自然与万物共同存在的普遍规律。人体的生理病理变化也必然具有昼夜节律。

子夜阴气最盛，阳气最衰，阳气衰极而渐渐自行来复，故曰"子夜一阳生"；阴气由最盛而渐渐趋消受抑，所以子夜至日中是阳长阴消之时；日中阳气最盛，阴气最衰，阴气衰极而渐渐自行来复，故曰"日中一阴生"；阳气由最盛而渐渐趋消受抑，所以日中至子夜又是阴长阳消之时；平旦和傍晚则是阴阳均平之际。白昼总的来说属于阳性，夜间总的来说属于阴性。

昼夜变化就是阴阳之间此消彼长的过程，投射到人的生理活动和病理变化，也经历着相应的阴阳胜复过程。

《黄帝内经·灵枢·顺气》记载："夫百病者，多以旦慧昼安，夕加夜甚……朝则人气始生，病气衰，故旦慧；日中人气长，则胜邪，故安；夕则人气始衰，邪气始生，故加；夜半人气入脏，邪气独居于身，故甚也。"

一般疾病，大多是白天病情较轻，夜晚较重，因为在早晨、中午、黄昏、夜半期间，人体的阳气存在着生、长、收、藏的规律，所以病情亦随之有慧、安、加、甚的变化。

### 2. 辨证论治

辨证与论治是中医学很重要的两个步骤。辨证是认识疾病、确立症候的过程；论治是依据辨证结果，确立治法和处方用药的过程。

辨证论治运用的最大特点在于同病异治和异病同治。一是同病异治。同一疾病，由于发病时间或地域不同，或所患疾病的阶段类型不同，或病人体质有异，故治法不同，如鹅口疮。二是异病同治。异病可以同治，指几种不同的疾病，在其发展变化过程中，出现了大致相同的病机和症候，可采用大致相同的办法治疗，如胃下垂、肾下垂、眼睑下垂、久泻脱肛等，均为中气下陷的症候，使用益气升提法。

## 二、中医基础理论的主要内容

中医基础理论受中国古代哲学思想的影响很深。下面主要介绍中医的阴阳学说和五行学说。

### （一）阴阳学说

阴阳学说认为："世界是物质的，物质世界是在阴阳二气的相互作用下发展和变化着的。"黄帝曰："阴阳者，天地之道也，万物之纲纪，变化之生母，生杀之本始，神明之府也。治病必求于本。"（《素问·阴阳应象大论》）其释义大致为：阴阳是宇宙间的一般规律，是一切事物的纲纪，万物变化的起源，生长毁灭的根本，有很大的道理在乎其中。凡医治疾病，必须求得病情变化的根本，而道理也不外乎阴阳两字。

中医离不开"阴阳"二字，阴阳学说贯穿于中医各个环节。其阐释人体结构、概括生理功能、说明人体的病理变化，用于疾病的诊断。

体现在人体结构上，根据阴阳对立统一的观点，中医学认为人体是一个有机整体，人体内部充满着阴阳对立统一的关系。《素问·宝命全形论》记载："人生有形，不离阴阳。"人体一切组织结构既是有机联系的，又可以划分为相互对立的阴阳两部分。《素问·金匮要言》记载："夫言人之阴阳，则外为阳，内为阴。言人身之阴阳，则背为阳，腹为阴。言人身之脏腑中阴阳，则脏者为阴，腑为阳。肝、心、脾、肺、肾五脏皆为阴，胆、胃、大肠、小肠、膀胱、三焦六腑皆为阳。"这段大意为：就大体部位而言，上部为阳，下部为阴；体表属阳，体内属阴。就其背腹四肢，则背部为阳，腹部位阴；四肢外侧为阳，内侧为阴。脏腑来说，五脏藏精气而不泻，为阴；六腑转化物而不藏，故为阳。

应用于疾病诊断上，中医认为，尽管临床上各种疾病千变万化，但都可以用阴阳来进行判断，诊察疾病时，善于运用阴阳的思维方法就能抓住疾病的关键。中医八纲辨证是最基本的辨证方法，"阴、阳、表、里、寒、热、虚、实"八纲中，"阴、阳"为总纲，其他六者可按照阴阳进行分辨，如表、实、热属于阳证，里、虚、寒属于阴证。通过望、闻、问、切的诊疗方法，判断病情的阴阳属性。

### （二）五行学说

《尚书·洪范》记载："五行：一曰水，二曰火，三曰木，四曰金，五曰土。水曰润下，火曰炎上，木曰曲直，金曰从革，土爰（yuán）稼穑。润下作咸，炎上作苦，曲直作酸，从革作辛，稼穑作甘。"《尚书·洪范》是先秦时期概述五行的重要著作，标志着五行学说的形成。

五种元素是相生相克的关系（图8-5）。五行相生的规律和次序为：木生火、火生土、土生金、金生水、水生木。如此相生，循环往复，无穷无尽。五行相克，克中有生。木克土、金克木，而土又生金，金生水以促进水生木。就这样，以次相生，间有相克；以次相克，间有相生；如环无端，生化不息，维持着事物之间的协调和平衡。

五行学说对中医学的形成与发展起过较大影响。从医学角度看，五行系统知识是探究复杂生命现象的一种模型。五行学说在中医学中的应用，大体包括以下三个方面：以五行的特性来分析研究脏腑、经络等组织器官的五行属性；以五行的生克来分析研究各脏腑、

图8-5 五行生克图解

经络之间和各生理功能之间的相互关系；以五行相生和相克关系的异常来阐释病理情况下的相互影响。因此，五行学说在中医学中，不仅被用作理论上的阐释，而且还具有一定的临床诊疗意义。

"精神情志疗法"就是依据"五行生克"的理论为指导，是中医治疗的特色之一，它主要用于治疗精神和情志疾病。

## 第二节 中医药学名家概览

中国医学发展史上，出现过无数优秀的大医名家，正是在他们不懈的努力，才使得中医药文化经久不衰，流传至今。

### 一、医祖扁鹊

扁鹊（约公元前407—公元前301年），是别人对他的尊称，他本姓秦，名越人，战国时渤海郡（今河北省任丘市北药王庄）人（图8-6）。其医术高超，被认为是神医，所以当时的人们借用了上古神话黄帝时神医"扁鹊"的名号来称呼他。扁鹊少时学医于长桑君，尽学其医术禁方，擅长各科。在赵为妇科，在周为五官科，在秦为儿科，名闻天下。他善用针灸、按摩、汤液、热熨等法治疗疾病，被尊为"医祖"。关于扁鹊，《战国策》《史记》《列子》《说苑》等书中均有记载。《史记·扁鹊仓公列传》这样记载，"扁鹊名闻天下。过邯郸，闻贵妇人，即为带下医；过洛阳，闻周人爱老人，即为耳目痹医；来入咸阳，闻秦人爱小儿，即为小儿医：随俗为变。秦太医令李醯自知伎不如扁鹊也，使人刺杀之。至今天下言脉者，由扁鹊也。"扁鹊游历行医，擅长各科，博采众长，是集大成者。

**图 8-6　传说中医祖扁鹊的画像**

扁鹊提出了著名的"六不治"理论。《史记·扁鹊仓公列传》记载，"人之所病，病疾多；而医之所病，病道少。故病有六不治：骄恣不论于理，一不治也；轻身重财，二不治也；衣食不能适，三不治也；阴阳并，藏气不定，四不治也；形羸不能服药，五不治也；信巫不信医，六不治也。有此一者，则重难治也。"扁鹊主张将巫医分开，明确反对巫术。扁鹊的一些著作均已失传，仅在《汉书·艺文志·方技略》中提及。唯一保存下来的《难经》一书，是后世汉代人所整理的，书中以问答的方式，解答有关医学问题。其采摘《内经》精要，设为 81 个问答，解释疑难，书中探讨了"切脉识病""脏腑形态""经络穴道"等问题，具有较高的医学价值。

## 二、医圣张仲景

张仲景（150—219 年），姓张，名机，字仲景，南阳郡涅阳（今河南省南阳市）人，东汉末年著名医学家（图 8-7）。他从小博览群书，并爱好医学，师从同郡张伯祖学医，是"建安三神医"之一，元明以后被奉为"医圣"。张仲景广泛收集医方，写出了传世巨著《伤寒杂病论》。其将理、法、方、药结合起来，指导人们正确进行医疗实践；它确立的辨证论治原则，是中医临床的基本原则，是中医的灵魂所在，也确立了张仲景作为临床医学奠基者的身份。

图8-7　传说中医圣张仲景的画像

在方剂学方面，《伤寒杂病论》也作出了巨大贡献，创造了很多剂型，记载了大量有效的方剂。其所确立的六经辨证的治疗原则，受到历代医学家的推崇。这是中国第一部从理论到实践、确立辨证论治法则的医学专著，是中国医学史上影响最大的著作之一，是后学者研习中医必备的经典著作，广泛受到医学生和临床大夫的重视。

据史书记载，张仲景的著述除《伤寒杂病论》外，还有《辨伤寒》十卷，《评病药方》一卷、《疗妇人方》二卷、《五藏论》一卷、《口齿论》一卷，可惜都早已散失不存。然而，仅此一部《伤寒杂病论》的杰出贡献，就足以使张仲景成为海内外景仰的世界医学伟人。

### 三、外科鼻祖华佗

华佗（约145—208年），一名旉，字元化，东汉沛国谯县人，东汉末年著名的医学家（图8-8）。华佗与董奉、张仲景并称"建安三神医"。少时，华佗曾在外游学，行医足迹遍及安徽、河南、山东、江苏等地，钻研医术而不求仕途。他医术全面，尤其擅长外科，精于手术，并精通内、妇、儿、针灸各科。晚年因遭曹操怀疑，下狱被拷问致死。后人多用神医华佗称呼他，又以"华佗再世""元化重生"称誉有杰出医术的医师（图8-8）。

图8-8　传说中华佗的画像

华佗重视运动养生，他提出："动摇则谷气得消，血脉流通，病不得生。"在"譬如户枢，终不朽也"的思想指导下，他设计了"五禽戏"，一叫虎戏，二叫鹿戏，三叫熊戏，四叫猿戏，五叫鸟戏。五禽戏的动作是模仿虎的扑动前肢、鹿的伸转头颈、熊的伏倒站起、猿的脚尖纵跳、鸟的展翅飞翔，以锻炼上肢关节和胸部肌肉，帮助呼吸。将这些动作连贯起来，就可以使全身骨骼、肌肉、关节得到充分的运动与协调，疏通全身气血，促进新陈代谢。

华佗首创用全身麻醉法施行外科手术，被后世尊为"外科鼻祖"。他不但精通医药，而且在针术和灸法上的造诣也十分令人钦佩。华佗到处走访了许多医生，收集了一些有麻醉作用的药物，经过多次不同配方的炮制，终于把麻醉药试制成功。他又把麻醉药和热酒配制，使患者服下、失去知觉，再剖开腹腔，割除溃疡，洗涤腐秽，用桑皮线缝合，涂上神膏，四五日除痛，一月间康复。因此，华佗给它起了个名字——麻沸。他所使用的"麻沸散"是世界史最早的麻醉剂。华佗采用酒服"麻沸散"施行腹部手术，开创了全身麻醉手术的先例。这种全身麻醉手术，在中国医学史上是空前的，在世界医学史上也是罕见的创举。

### 四、药王孙思邈

孙思邈（581—682年），唐朝京兆华原（今陕西省铜川市耀州区）人，唐朝医药学家、道士（图8-9）。孙思邈幼年嗜学，知识广博，只是后来身患疾病，经常请医生治疗，花费了很多家财，自谓"幼遭风冷，屡造医门，汤药之资，罄尽家产"，于是，他便立志从医。他晚年为躲避战乱，隐居太白山后隐居终南山。因其对药物学的贡献，被尊称为"药王"。

图8-9 传说中药王孙思邈的画像

孙思邈十分重视民间的医疗经验，不断走访积累，及时记录下来，终于完成了他的著作——《千金要方》。唐朝建立后，孙思邈接受朝廷的邀请，与政府合作开展医学活动。唐高宗显庆四年（659年），完成了世界上第一部国家药典——《唐新本草》。

孙思邈不仅精于内科，而且擅长妇科、儿科、外科、五官科。在中医学上首次主张治疗妇女儿童疾病要单独设科，并在著作中首先论述妇、儿医学，声明是"崇本之义"。他非常重视妇幼保健，著《妇人方》三卷，《少小婴孺方》二卷，置于《千金要方》之首。在他的影响之下，后代医学工作者普遍重视研究妇、儿科疾病的治疗技术。

孙思邈非常重视预防疾病，讲求预防为先的观点，坚持辨证施治的方法，认为"人若善摄生，当可免于病，"只要"良医导之以药石，救之以针剂"，"体形有可愈之疾，天地有可消之灾"；并提出"存不忘亡，安不忘危"，强调"每日必须调气、补泻、按摩、导引为佳，勿以康健便为常然"。他提倡讲究个人卫生，重视运动保健，提出了食疗、药疗、养生、养性、保健相结合的防病、治病主张。

## 五、药圣李时珍

李时珍（1518—1593 年），字东璧，晚年自号"濒湖山人"，湖北蕲春县蕲州镇东长街之瓦屑坝（今博士街）人，明代著名医药学家（图 8-10）。他后为楚王府奉祠正、皇家太医院判，去世后明朝廷敕封为"文林郎"。

李时珍自 1565 年起，先后到武当山、庐山、茅山、牛首山及湖广、安徽、河南、河北等地收集药物标本和处方，并拜渔人、樵夫、农民、车夫、药工、捕蛇者为师，参考历代医药等方面书籍 925 种，考古证今、穷究物理，记录上千万字札记，弄清了许多疑难问题，历经 27 个寒暑，三易其稿，于明万历十八年（1590 年）完成了巨著——《本草纲目》。此外，他对脉学及奇经八脉也有研究，著述有《奇经八脉考》《濒湖脉学》等多种，被后世尊为"药圣"。

图 8-10　传说中药圣李时珍采药的画像

《本草纲目》是倾李时珍毕生精力所著，共 16 部，52 卷，约 190 万字。全书收纳诸家本草所收药物 1518 种，在前人基础上增收药物 374 种，合 1892 种，其中，植物 1195 种；共辑录古代药学家和民间单方 11096 则；书前附药物形态图 1100 余幅。这部伟大的著作，吸收了历代本草著作的精华，尽可能地纠正了以前的错误，补充了不足，并有很多重要发现和突破。它是到 16 世纪为止，中国最系统、最完整、最科学的一部医药学著作。

李时珍打破了自《神农本草经》以来，沿袭了 1000 多年的上、中、下三品分类法，把药物分为水、火、土、金石、草、谷、菜、果、木、器服、虫、鳞、介、禽、兽、人共 16 部，包括 60 类。每药标正名为纲，纲之下列目，纲目清晰。书中还系统地记述了各种药物的知识，包括校正、释名、集解、正误、修治、气味、主治、发明、附录、附方等项，从药物的历史、形态到功能、方剂等，叙述甚详，丰富了本草学的知识。

《本草纲目》不仅为中国药物学的发展作出了重大贡献，而且对世界医药学、植物学、动物学、矿物学、化学的发展也产生了深远的影响，其先后被译成日、法、德、英、拉丁、俄、朝鲜等十余种文字在国外出版。书中首创了按药物自然属性逐级分类的纲目体系，这种分类方法是现代生物分类学的重要方法之一，比现代植物分类学创始人林奈的《自然系统》早了一个半世纪，被誉为"东方医药巨典"。2011 年 5 月，金陵版《本草纲目》入选世界记忆名录。

## 第三节　中医药经典篇章赏析

中医药是中国传统文化中的瑰宝，在漫长的历史岁月中，积累了大量医药学和养生学的经典著作。中医经典是古代医家长期临床实践经验和智慧的结晶，是中医理论的精华和灵魂所在。本节遴选中医古典医籍中的几段经典篇章，通过赏读，汲取精华，增长智慧，体味中医药文化的独特魅力。

### 一、《黄帝内经·素问·上古天真论》

**黄帝内经·素问·上古天真论**

昔在黄帝，生而神灵，弱而能言，幼而徇齐，长而敦敏，成而登天。

乃问于天师①曰：余闻上古之人，春秋皆度百岁，而动作不衰；今时之人，年半百而动作皆衰，时世异耶？人将失之耶？

岐伯对曰：上古之人，其知道者，法于阴阳，和于术数②，食饮有节，起居有常，不妄作劳，故能形与神俱，而尽终其天年，度百岁乃去。

今时之人不然也，以酒为浆，以妄为常，醉以入房，以欲竭其精，以耗散其真，不知持满，不时御神，务快其心，逆于生乐，起居无节，故半百而衰也。

夫上古圣人之教下也，皆谓之虚邪贼风，避之有时，恬淡虚无③，真气从之，精神内守，病安从来。

是以志闲而少欲，心安而不惧，形劳而不倦，气从以顺，各从其欲，皆得所愿。

故美其食，任其服，乐其俗，高下不相慕，其民故曰朴。

是以嗜欲不能劳其目，淫邪不能惑其心，愚智贤不肖，不惧于物，故合于道。

所以能年皆度百岁而动作不衰者，以其德全不危也。

帝曰：人年老而无子者，材力尽耶？将天数然也？

岐伯曰：女子七岁，肾气盛，齿更发长。

二七，而天癸④至，任脉通，太冲脉盛，月事以时下，故有子。

三七，肾气平均，故真牙生而长极。

四七，筋骨坚，发长极，身体盛壮。

五七，阳明脉衰，面始焦，发始堕。

六七，三阳脉衰于上，面皆焦，发始白。

七七，任脉虚，太冲脉衰少，天癸竭，地道不通，故形坏而无子也。

丈夫八岁，肾气实，发长齿更。

二八，肾气盛，天癸至，精气溢泻，阴阳和，故能有子。

三八，肾气平均，筋骨劲强，故真牙生而长极。

四八，筋骨隆盛，肌肉满壮。

五八，肾气衰，发堕齿槁。

六八，阳气衰竭于上，面焦，发鬓斑白。

七八，肝气衰，筋不能动。

八八，天癸竭，精少，肾脏衰，形体皆极则齿发去。

肾者主水，受五脏六腑之精而藏之，故五脏盛，乃能泻。

今五脏皆衰，筋骨解堕，天癸尽矣，故发鬓白，身体重，行步不正，而无子耳。

帝曰：有其年已老，而有子者，何也？

岐伯曰：此其天寿过度，气脉常通，而肾气有余也。此虽有子，男子不过尽八八，女子不过尽七七，而天地之精气皆竭矣。

帝曰：夫道者年皆百岁，能有子乎？

岐伯曰：夫道者能却老而全形，身年虽寿，能生子也。

黄帝曰：余闻上古有真人者，提挈天地⑤，把握阴阳，呼吸精气，独立守神，肌肉若一，故能寿敝天地，无有终时，此其道生。

中古之时，有至人者，淳德全道，和于阴阳，调于四时，去世离俗，积精全神，游行天地之间，视听八达之外，此盖益其寿命而强者也，亦归于真人。

其次有圣人者，处天地之和，从八风之理，适嗜欲于世俗之间，无恚嗔⑥之心，行不欲离于世，被服章，举不欲观于俗，外不劳形于事，内无思想之患，以恬愉为务，以自得为功，形体不敝，精神不散，亦可以百数。

其次有贤人者，法则天地，象似日月，辨列星辰，逆从阴阳，分别四时，将从上古合同于道，亦可使益寿而有极时。

【注释】

①天师：黄帝对岐伯的尊称。

②和于术数：指用合适的养生方法来调和身体。

③恬淡虚无：恬淡，指清闲安静；虚无，指心无杂念；恬淡虚无，指内心清闲安静而没有任何杂念。

④天癸：指先天藏于肾精之中，具有促进生殖功能发育成熟的物质。

⑤提挈天地：指能够掌握自然变化的规律。

⑥恚嗔：恚，指愤怒；嗔，指仇恨；泛指愤怒、仇恨等意念。

【经典语句】

上古之人，其知道者，法于阴阳，和于术数，食饮有节，起居有常，不妄作劳，故能形与神俱，而尽终其天年，度百岁乃去。

**【赏析】**

《黄帝内经》是中医理论的奠基之作。成书于公元前70—公元前26年，假托黄帝之名以示正统，实际并非出自一人之手笔，而是许多医家共同写成的。书中以黄帝与大臣岐伯两人问答的方式，讨论医学保健问题。其内容涉猎广泛，比较系统地总结了秦汉以前的医学成就，确立了中医学理论原则，是中医理论奠基之作，包括《素问》《灵枢》两部。

《上古天真论》选自《黄帝内经·素问》第一篇，文中黄帝与岐伯以对话的形式，探讨如何达到健康与长寿的话题，用简短的篇幅探讨养生保健的大道理。开篇提出"食饮有节，起居有常，不妄作劳"的常规性法则；用人的生长、壮实、衰老的生理的、生物的自然规律，对比男性女性的生长差异，阐明了人的先天寿数；列举传说中的真人、至人、圣人、贤人的养生方法，来佐证"生死寻常事，寿可与天齐"的可能性，又指出"人生七十古来稀，世上难逢百岁人"现象是可以改变的。全文论述了上古圣人养生祛病的指导原则，阐述了人生命活动发展的总规律，揭示了上古道家养生悟道的人生境界，对于学习《黄帝内经》其他篇章具有重要启示作用，也是中医基础理论入门的必读篇章。

## 二、《伤寒杂病论（序）》

### 伤寒杂病论（序）

东汉·张仲景

论曰：余每览越人入虢之诊，望齐侯之色，未尝不慨然叹其才秀也。怪当今居世之士，曾不留神医药，精究方术，上以疗君亲之疾，下以救贫贱之厄，中以保身长全，以养其生；但竞逐荣势，企踵权豪，孜孜汲汲，惟名利是务，崇饰其末，忽弃其本，华其外，而悴其内，皮之不存，毛将安附焉。卒然遭邪风之气，婴非常之疾，患及祸至，而方震栗，降志屈节，钦望巫祝，告穷归天，束手受败，赍百年之寿命，持至贵之重器，委付凡医，恣其所措。咄嗟呜呼，厥身已毙，神明消灭，变为异物，幽潜重泉，徒为啼泣。痛夫，举世昏迷，莫能觉悟，不惜其命，若是轻生，彼何荣势之足云哉。而进不能爱人知人，退不能爱身知己，遇灾值祸，身居厄地，蒙蒙昧昧，蠢若游魂。哀乎，趋势之士，驰竞浮华，不固根本，忘躯徇物，危若冰谷，至于是也。

余宗族素多，向余二百，建安纪元以来，犹未十稔，其死亡者，三分有二，伤寒十居其七。感往昔之沦丧，伤横夭之莫救，乃勤求古训，博采众方，撰用《素问九卷》《八十一难》《阴阳大论》《胎胪药录》，并平脉辨证，为《伤寒杂病论》，合十六卷，虽未能尽愈诸病，庶可以见病知源，若能寻余所集，思过半矣。

夫天布五行，以运万类，人禀五常，以有五脏，经络府俞，阴阳会通，玄冥幽微，变化难极，自非才高识妙，岂能探其理致哉。上古有神农、黄帝、岐伯、伯高、雷公、少俞、少师、仲文，中世有长桑、扁鹊，汉有公乘、阳庆及仓公，下此以往，未之闻也，观今之医，不念思求经旨，以演其所知，各承家技，终始顺旧，省疾问病，务在口给。相对须臾，便处汤药，按寸不及尺，握手不及足，人迎趺阳，三部不参，动数发息，不满五十，短期未知决诊，九候曾无仿佛，明堂阙庭，尽不见察，所谓窥管而已。夫欲视死别生，实为难矣。孔子云："生而知之者上，学则亚之，多闻博识，知之次也。"余宿尚方术，请事斯语。

**【经典语句】**

怪当今居世之士，曾不留神医药，精究方术，上以疗君亲之疾，下以救贫贱之厄，中以保身长全，以养其生；但竞逐荣势，企踵权豪，孜孜汲汲，惟名利是务，崇饰其末，忽弃其本，华其外，而悴其内，皮之不存，毛将安附焉。

**【赏析】**

《伤寒杂病论》是中国传统医学著作之一，是医圣张仲景所著，至今是中国中医院校开设的主要基础课程之一。中医所说的伤寒实际上是一切外感病的总称，它包括瘟疫这种传染病。该书成书约在200—210年。219年，张仲景去世，《伤寒杂病论》开始了民间传播的旅程。后晋王叔和偶见此书，已是残章断简，经其全力搜集，最终找全了关于伤寒的部分，并加以整理命名为《伤寒论》。宋仁宗时，翰林王洙在翰林院书库发现一本"蠹简"，书名《金匮玉函要略方论》，林亿、孙奇等人奉命校订《伤寒论》，经比对，方知为张仲景所著，遂更名为《金匮要略》刊行于世。《伤寒论》《金匮要略》在宋代都得到了校订与发行。除重复药方外，两书共载药方269个，使用药物214味，基本概括了临床各科的常用方剂。

《伤寒杂病论》系统地分析了伤寒的原因、症状、发展阶段和处理方法，创造性地确立了对伤寒病的"六经分类"的辨证施治原则，奠定了理、法、方、药的理论基础。在这部著作中，张仲景创造了三个世界第一，即首次记载了人工呼吸、药物灌肠和胆道蛔虫治疗方法。这部著作是集秦汉以来医药理论之大成，并广泛应用于医疗实践的专书，是我国医学史上影响最大的古典医著之一，也是我国第一部临床治疗学方面的巨著。

## 三、《备急千金要方（第一卷）·大医精诚》

### 大医精诚（节选）

唐·孙思邈

张湛曰：夫经方之难精，由来尚矣。今病有内同而外异，亦有内异而外同，故五脏六腑之盈虚，血脉荣卫之通塞，固非耳目之所察，必先诊候以审之。而寸口关尺有浮沉弦紧之乱，腧穴流注有高下浅深之差，肌肤筋骨有厚薄刚柔之异，唯用心精微者，始可与言于兹矣。今以至精至微之事，求之于至粗至浅之思，其不殆哉！若盈而益之，虚而损之，通而彻之，塞而壅之，寒而冷之，热而温之，是重加其疾而望其生，吾见其死矣。故医方卜筮，艺能之难精者也。既非神授，何以得其幽微？世有愚者，读方三年，便谓天下无病可治；及治病三年，乃知天下无方可用。故学者必须博极医源，精勤不倦，不得道听途说，而言医道已了，深自误哉。

凡大医治病，必当安神定志，无欲无求，先发大慈恻隐之心，誓愿普救含灵之苦。若有疾厄来求救者，不得问其贵贱贫富，长幼妍媸，怨亲善友，华夷愚智，普同一等，皆如至亲之想。亦不得瞻前顾后，自虑吉凶，护惜身命，见彼苦恼，若己有之，深心凄怆。勿避险巇、昼夜、寒暑，饥渴、疲劳，一心赴救，无作工夫形迹之心。如此可为苍生大医，反此则是含灵巨贼。自古名贤治病，多用生命以济危急，虽曰贱畜贵人，至于爱命，人畜一也。损彼益己，物情同患，况于人乎。夫杀生求生，去生更远。吾今此方，所以不用生命为药者，良由此也。其虻虫、水蛭之属，市有先死者，则市而用之，不在此例。只如鸡卵一物，以其混沌未分，必有大段要急之处，不得已隐忍而用之。能不用者，斯为大哲亦所不及也。其有患疮痍下痢，臭秽不可瞻视，人所恶见者，但发惭愧凄怜忧恤之意，不得起一念芥蒂之心，是吾之志也。

【经典语句】

1. 世有愚者，读方三年，便谓天下无病可治；及治病三年，乃知天下无方可用。故学者必须博极医源，精勤不倦，不得道听途说，而言医道已了，深自误哉。

2. 凡大医治病，必当安神定志，无欲无求，先发大慈恻隐之心，誓愿普救含灵之苦。

【赏析】

《大医精诚》一文出自唐朝孙思邈所著的《备急千金要方》第一卷，乃是中医学典籍中论述医德的一篇极重要文献，为习医者所必读。《大医精诚》论述了有关医德的两个问题：第一是精，即要求医者要有精湛的医术，认为医道是"至精至微之事"，习医之人必须"博极医源，精勤不倦"；第二是诚，要求医者要有高尚的品德修养，以"见彼苦恼，若己有之"感同身受的心，策发"大慈恻隐之心"，进而发愿立誓"普救含灵之苦"，且不得"自逞俊快，邀射名誉""恃己所长，经略财物"。

文中节选的是《大医精诚》中的前半部分，主要谈及行医之人应"医术精通"与"诚心救人"。孙思邈的《大医精诚》被誉为是"东方的希波克拉底誓言"。该文明确地表达一名优秀的医者，不仅要有精湛的医疗技术，更重要的还要拥有高尚的医德。该文流传甚广，且影响深远，直至当下，国内仍有很多中医院校将其作为医学誓言，以此为准则严格要求自己。每位医生都应秉承"大医精诚之心"，全心全意地为患者服务。

# 第四节　中医药文化中的养生智慧

中医药是我国各族人民在长期生产生活和同疾病作斗争中，逐步形成并不断丰富发展的医学科学，是具有独特理论和技术方法的体系。中医药学凝聚着中华民族几千年的健康养生理念及其实践经验，是祖先留给我们的宝贵财富。深入挖掘中医药健康养生文化的内涵，让藏在古籍、散在民间、融在生活、用在临床上的养生理念和方法鲜活起来，推广开来。

## 一、中医养生的源起

中医养生具有深厚的传统文化基础，是古代先民关于人体生命养护理论、原则、经验、方法与知识的总结。追本溯源，直接与远古时的自然崇拜、神仙信仰和春秋战国时代的黄老之学有关。看到自然界天荒地老、江河不颓，看到松柏凌冬不凋、四季常青，将自然界的事物映射到人的生命自身，想象生命旅程也能永续不断，这就在人类初期烙印下对延年求寿追慕的痕迹。后来的神仙信仰、黄老之学虽未留下有迹可循的神仙实像，却使人们在现实行动上有了益寿延年实绩。这些原始宗教的孵化，催生了在中国大地产生了与世界其他古代文明大异其趣的养生思想。其实，中医养生的实质就是一种关于生命自我调控与管理的艺术，汲取了包括儒、道、佛在内的特色文化，融入医药学实践，形成独特的中医药养生文化。

## 二、中医养生之道

中医养生之道的智慧，有人将其归纳为"和于术数，食饮有节，起居有常，不妄作劳……"养生之道的核心在于：在尊重生命规律的前提下，通过独特的炼养法术，起到保养身体、减少疾病、增强体质、促进康复、延缓衰老和益寿延年的效果。关于养生之道，着重把握四个方面：道法自然、动而中节、精神养生，三因制宜。

 小贴士

中国古人发明了《子午流注图》（图8-11），将一天中24小时等分为十二时辰，认为每个时辰人体气血充盈的经脉不同，经脉所对应的脏腑功能发挥与时辰有关。该模型在古代用于指导人们针灸治疗，根据疾病所致脏腑经络的位置，选定最佳治疗时机。后人又在此基础上进行了新的解读。如有人认为，23:00—3:00，分别对应子时至丑时，这时分别是胆经、肝经气血最旺盛的时候，为了有利于解毒、排毒，这时应该熟睡，如果习惯熬夜不休息，容易造成肝胆伤害，进而影响全身健康。凌晨5:00—7:00点，为大肠排毒期，应上厕所排便。凌晨7:00—9:00点，是小肠吸收营养的时段，应吃早餐等。这些解读是否科学，有待进一步论证。但总体讲，昼夜节律所导致人体气血阴阳的变化是事实，经常熬夜会伤肝也是常识，如会出现眼睛干涩等。从这个层面讲，随着现代中医药学发展，我们可以对于子午流注图赋予新的科学内涵。

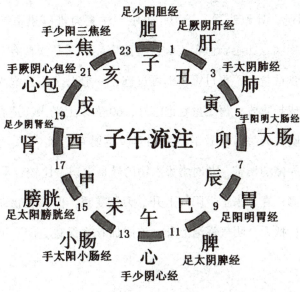

图8-11 《子午流注图》

### （一）道法自然

《老子》二十五章说："人法地，地法天，天法道，道法自然。""道"是规律原则的意思，"自然"，就是本来如此，本来这样，即事物自然而然的一种状态。"道法自然"实际强调的是，一种顺应自然的智慧，顺应自然界的各种变化，中医主要强调阴阳变化对人体的影响，简单来说，至少要做到"昼夜节律、七日节律、四季节律"。这就是《素问·宝命全形论篇》中，"人以天地之气生，四时之法成"所表达的哲理。中医认为人体生命活动应该遵从这些规律，才能得到理想的健康状态。

### （二）动而中节

"动而中节"是一种人生的智慧，是儒家"中庸"之道的一种体现。其表现在养生行为习惯的各个方面，如体力活动、脑力活动、情志活动等各方面都要适度、适量，过犹不及。其在日常生活中表现在以下几个方面：一是动静相宜。按照自身需求，按照自身的体质，摸索把握动静交替的节奏以及持续时间。二是起居有常。养成良好的起居习惯，有规律的作息，顺应自然节律；否则，打乱了身体的节律，容易让体内细胞、组织、器官均不能适应，从而出现紊乱，导致头昏、乏力、失眠、注意力难以集中等功能失调，日久天长，还容易诱发多种疾病，如心脑血管疾病，甚至癌症。三是饮食有节。按时进食，一日三餐，必不可少；饮食适量，不可过饥，不可过饱，一般七至八分饱为宜。当然这也要因人而异：青少年处于成长阶段，得足量吃饱吃好；60岁以上老人，适宜少食多餐。四是冷暖适当。中医常从冷暖失调关注感冒的诱发因素，主要有"风、寒、湿、邪"，冷暖失调就会造成这些因素对人体的伤害，及时增添衣物已经是常识，比较容易把握。"春捂秋冻"是北方常说的一句俗谚；春天来了，阳气上升，天气变暖，但减衣物动作不能太快，让自己感觉微暖比较合适；秋天，阴气逐渐上升，该添加衣物保暖，但不可加衣过快，让自己感觉微凉比较合适。

### （三）精神养生

中华传统养生学认为脏腑、形体、呼吸的修炼，如果没有精神上的淡泊宁静，没有达到"清静无为""离形坐忘"的境界，就很难取得"形神相亲，表里俱济"的效果。孙思邈的《备急千金药方·养性》中有这样一段话："养性有五难：名利不去为一难，喜怒不除为二难，声色不制为三难，滋味不绝为四难，神虚精散为五难。"其主要意思是，过多的言语、过激的言辞、过频的情感冲动、过杂的思想活动都能导致"神虑精散"。因此，养生大家孙思邈重视思想修养和精神调摄。养心修性，使自身处于平和与快乐的状态中，才能康健长寿。

### （四）三因制宜

养生要因人制宜、因时制宜和因地制宜，此乃"三因制宜养生之道"。因人制宜，要从个体的体质差异入手，按照个体的"气血阴阳"的盛衰（体质）状况，选择合适的养生方案；因时制宜，考虑季节变化和时辰变化，着重正确辨析因时令改变而发生的阴阳变化，在此基础上选择相应的养生方法；因地制宜，依据不同地方气候的特点，在饮食、服饰、民居、中医药养生手段方面选择相适宜的养生方案，如四川湿气重，多食用燥湿、辛辣的食物，火锅就是因地制宜特色饮食的集中体现。

## 中医典故十二则①

1. 中医典故一·杏林春暖

"杏林"是中医学界的代称，故址在今安徽省凤阳县境，典故出自三国时期闽籍道医董奉。据《神仙传》卷十记载："君异居山间，为人治病，不取钱物，使人重病愈者，使栽杏五株，轻者一株，如此数年，计得十万余株，郁然成林……"董奉把收获的杏子全部都换成粮食，用来救济穷苦的人民。为了感激董奉的德行，有人写了"杏林春暖"条幅挂在他家门口。根据董奉的传说，医家每每以"杏林中人"自居，"杏林"也逐渐成了中医药行业的代名词。

2. 中医典故二·悬壶济世

"悬壶济世"是颂誉医者道者救人于病痛的一个词语。"悬壶"的来历与名医有关，这里的"壶"是指葫芦。据《后汉书·方术列传·费长房》记载："费长房者，汝南（今河南省平舆县射桥镇古城村）人，曾为市掾。市中有老翁卖药，悬一壶于肆头，及市罢，辄跳入壶中，市人莫之见，唯长房于楼上睹之，异焉。因往再拜，奉酒脯。翁知长房之意其神也，谓之曰：可更来，长房旦日复诣翁，翁乃与俱入壶中。唯见玉堂华丽，旨酒甘肴盈衍其中，其饮毕而出。翁约不听与人言之，复乃就楼上候长房曰：我神仙之人，以过见责，今事毕当去，子宁能相随乎？楼下有少酒，与卿为别……长房遂欲求道，随从入深山，翁抚之曰子可教也，遂可医疗众疾。"

后来，民间的郎中为了纪念这个传奇式的医师，就在药铺门口挂一个药葫芦作为行医的标志。医者仁心，以医技普济众生，世人称之，便有悬壶济世之说，其典故源于此。

---

① 文字整理于网络、360个人图书馆等。

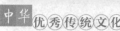

### 3. 中医典故三·橘井泉香

"橘井"这个词汇起源于西汉年间的苏耽，至今仍有一些中药店里，悬挂着以橘井泉香为内容的书法、对联等，以此赞誉医术的高超和药材的精良。据西汉刘向所撰《列仙传》记载，相传汉代湖南郴州人苏耽笃好神仙养生之术，人称"苏仙"。在他成仙得道之际，他对母亲说："明年天下疾疫，庭中井水一升，檐边橘叶一枚，可疗一人。"第二年，果然发生瘟疫，母亲依苏仙嘱咐，用井水、橘叶为人疗病，服用者即刻痊愈，因而求之者络绎不绝，饮之者皆取佳效。此后，便以"橘井"作为良药的代名词，世人以"橘井泉香"歌颂救人功绩，医者将之书写匾上以明志。

### 4. 中医典故四·防微杜渐

《后汉书·丁鸿列传》记载了一则故事：东汉和帝即位时仅14岁，由于他年幼无能，便由窦太后执政，部分大权实际上落入窦太后的兄弟窦宪等人手中，他们为所欲为，密谋篡权。司徒丁鸿见到这种情况，便上书和帝，建议趁窦氏兄弟权势尚不大时，早加制止，以防后患。他在奏章里说："'杜渐防萌'则凶妖可灭。任何事情，在开始萌芽时容易制止，等到其发展壮大后再去消除，则十分困难。"和帝采纳了他的意见，并任命他为太尉兼卫尉，进驻南北二宫，同时，罢掉窦宪的官。窦宪兄弟情知罪责难逃，便都自杀了，从而避免了一场可能发生的宫廷政变。在医学上，防微杜渐体现了预防为主的原则。中医十分重视早期诊治疾病。《内经》说："善治者治皮毛，其次治肌肤，其次治筋脉，其次治六腑，其次治五脏。"任何疾病都有一个由浅入深的发展过程，高明的医生应该趁疾病轻浅的时候治疗，若疾病已到深重，会变得比较棘手。《内经》还生动地比喻说："夫病已成而后药之，乱已成而后治之，譬犹渴而穿井，斗而铸锥，不亦晚乎！"因此，中医把一个医生是否能对疾病作出早期诊断和治疗当作判断这个医生医技是否高明的标准，提出"上工治末病"。上工，即高明的医生。这个成语故事启示我们，隐患要及时清除，以免酿生更大祸端；疾病应及早治疗，以免给机体带来更大的危害。

### 5. 中医典故五·病入膏肓

相传，晋国的君主晋景公生病，先请来装神弄鬼的巫医替他治疗，病情反而有增无减。于是，他派人到秦国求医。秦国派了一位名叫医缓的医生去给他治病，医缓的高明医术全国上下无人不知。当医缓还在去晋国的路上时，晋景公做了个梦，梦见从他的病中跳出两个小人。一人说："医缓是医术高明的医生，可不比前次那个巫医，他恐怕要抓住我们，该往哪里躲避呢？"另一人回答说："到心的下面、膈的上面，叫'膏肓'的那个地方去吧，看他能把我们怎么样！"医缓到了晋国，给晋景公辨症后为难地说："这病不可治啦！病在膏肓，不能采取攻伐的治法，何况药物也不能到达那里去发挥药效。"后来，人们常用"病入膏肓"形容病情严重，难以医救。这句话进一步引申时，便用来形容一个人犯错误到了不可挽救的地步。

6. 中医典故六·起死回生

有一次，扁鹊路过虢国，看见全国上下都在举行祈祷，一打听，方知是虢太子死了。太子的侍从告诉他，虢太子清晨鸡鸣时突然死去。扁鹊问："已经掩埋了吗？"侍从回答说："还没有。他死了还不过半日哩！"扁鹊请求进去看看，并说虢太子也许还有生还的希望。侍从睁大了眼睛，怀疑地说："先生，你该不是跟我开玩笑吧！我只听说上古时候的名医俞跗有起死回生的本领，若你能像他那样倒差不多，要不然，连小孩儿也不会相信的。"扁鹊见侍从不信任自己，很是着急，须知救人要紧哪。他灵机一动说："你要是不相信我的话，那么，你去看看太子，他的鼻翼一定还在扇动，他的大腿内侧一定还是温暖的。"侍从半信半疑地将话告诉了国君。国君十分诧异，忙把扁鹊迎进宫中，痛哭流涕地说："久闻你医术高明，今日有幸相助。不然，我儿子的命就算完了。"扁鹊一面安慰国君，一面让徒弟子阳磨制石针，针刺太子头顶的百会穴。一会儿，太子竟渐渐苏醒过来。扁鹊又让弟子子豹用药物灸病人的两肋，太子便能慢慢地坐起来！经过中药的进一步调理，二十来天太子就康复如初。这事很快传遍各地，扁鹊走到哪里，哪里就有人说："他就是使死人复活的医生！"扁鹊听了，谦逊地笑着说："我哪里能使死人生还呢，太子患的是'尸厥'证，本来就没有死，我只不过是使他苏醒过来罢了。"以后，人们常用"起死回生"这个词来形容医生的高超技艺。有些病人有时为了感谢医生，送上一块"扁鹊再世"的横匾，也是颂扬医生医技高超的意思。

#### 7. 中医典故七·讳疾忌医

一次，扁鹊到了齐国。齐国国君田午热情地招待他。扁鹊见到田午，认真地对他说："目前，您的肌表部位有疾病，要是不治，会发展蔓延下去。"田午是个很自信的人，他听后不以为然地说："我没有病。"待扁鹊退下后，他便对旁人说："医生就是喜欢靠治疗没有病的人来炫耀自己的本领。我才不信呢！"过了五天，扁鹊去见田午，说："您的病现在到了血脉，不治恐怕要加重了！"田午说："我没有病！"脸上显露出厌烦和不高兴的神色。又过了五天。扁鹊再一次向田午提出忠告："您的病现已深入到肠胃，再不治疗就不可收拾了！"这次，田午竟拂袖而去。再过了五天，扁鹊碰见田午，转身便走。田午感到纳闷，派人追上去询问其中的缘故，扁鹊回答说："当初，国君的病仅在肌表，汤药和灸法可以治；在血脉，针刺可以治；在肠胃，药酒尚可治；现在病入骨髓，即便是传说中掌管生死簿的神也没法治，我更不敢主动请求医治了。"五天后，田午果然感到浑身不舒服，病情很快加重，他想起扁鹊，连忙派人去找，哪知扁鹊已经借故离去。中医认为："病不许治者，病必不治，治之无功矣"。没几日，田午便死了。这则典故告诉我们，有了疾病，应该积极治疗，若讳疾忌医，到头来只会害自己。对待工作、学习中的缺点和错误也一样，应该及时发现，及时纠正。

#### 8. 中医典故八·对症下药

华佗是东汉名医。一次，府吏倪寻和李延两人都患头痛发热，一同去请华佗诊治。华佗经过仔细地望色、诊脉，开出两个不同的处方，交给病人取药回家煎服。两位病人一看处方，给倪寻开的是泻药，而给李延开的是解表发散药。他们想：我俩患的是同一症状，为什么开的药方却不同呢，是不是华佗弄错了？于是，他们向华佗请教。华佗解释，倪寻的病是由于饮食过多引起的，病在内部，应当服泻药，将积滞泻去，病就会好；李延的病是受凉感冒引起的，病在外部，应当吃解表药，风寒之邪随汗而去，头痛也就好了。两人听了十分信服，便回家将药熬好服下，果然很快都痊愈了。中医强调辨证治疗，病症虽一样，但引起疾病的原因不同，故治疗方法也不一样。后来，人们常用"对症下药"这个成语比喻针对不同情况，采取不同方法处理问题。

9. 中医典故九·因势利导

《史记·孙子吴起列传》记载了这样一个故事：战国时期，齐国有位名叫孙膑的大将，他运筹帷幄，决胜千里，用兵如神。当时，魏国进攻韩国，韩向齐国求援。齐国便派田忌为将军，孙膑为军师，领兵攻魏。在战斗中，孙膑利用敌人骄傲狂妄、轻视齐军的心理，向田忌献策，他说："善战者，因其势而利导之。"建议用逐日减灶的计策，伪装溃败逃跑，诱敌深入。田忌采纳了他的计谋。骄傲的魏军果然中计，大摇大摆地尾随齐军进入一个叫马陵的险恶地带，这时，早已埋伏好的齐兵万弩齐发，一举歼灭魏军。这便是历史上有名的"马陵之战"。孙膑利用敌人的骄傲心理，诱敌上当，所以取得战役的胜利。

中医也很强调因势利导，要求医生根据患者体质、病位等因素而施治。早在2000多年前的中医古籍《内经》里就有"因其轻而扬之；因其重而减之；因其衰而彰之""其高者，因而越之；其下者，引而竭之"等治疗法则。这里的"轻""重""衰""高""下"等都是疾病的"势"，根据各种不同的情况采取相应的治疗措施，便是"因势利导"的体现。病在上部较轻浅的，宜轻扬宣散，清代医家吴鞠通常选用质地较轻、气味较薄的药，即"治上焦如羽，非轻不举"的治法。古人还根据"其高者，因而越之"的法则，创立吐法，主张服盐汤或用鹅毛刺激喉管引起呕吐，使病邪从上而出。如夏秋时令，误食腐败不洁之物，腹泻腹痛，医生亦常因势利导，让病人继续泻下秽臭之物，腹痛、腹泻亦渐好转，若此时止泻，逆其病势，反而有可能加重病情。孙膑讲的虽然是兵法，但与中医治病原理相通。正因如此，清代名医徐灵胎说："用药如用兵。"他甚至还说："孙武子十三篇，治病之法尽之矣。"他认为中医的治疗思想贯穿在《孙子兵法》中。

10. 中医典故十·因地制宜

因地制宜是指根据不同地域的具体情况，制定与之相应的措施。这个成语出自《吴越春秋·阖闾内传》：春秋末年，伍子胥逃到吴国，吴王很器重他。一次，吴王征询伍子胥有什么办法能使吴国强盛起来，伍子胥说："要想使国家富强，应当由近及远，按计划分步骤做。首先，要修好城市的防御工事，把城墙筑得既高又坚实；其次，应加强战备，充实武库，同时，还要发展农业，充实粮仓，以备战时之需。"吴王听了高兴地说："你说得很对！修筑城防，充实武库，发展农业，都应因地制宜，不利用自然条件是办不好的。"

这种"因地制宜"的措施果然使吴国很快强盛起来。无独有偶，18世纪，法国的启蒙思想家孟德斯鸠也提出一项因地制宜、治理国家的政策，即"地理环境决定论"。他认为，土地膏腴，出产丰富，使人因生活富裕而柔弱怠惰、贪生怕死，这些地区的国家常是"单人统治的政体"；土地贫瘠和崎岖难行的多山国家，人民勤奋耐劳，生活俭朴，勇敢善战，他们不易被征服，常是"数人统治的政体"。他建议立法者考虑不同的地形环境、气候因素来制定恰当的法律。中医强调因地制宜治疗疾病，因为不同的地区所引起的疾病各不相同。在西北高原地区，气候寒冷，干燥少雨，当地人们依山陵而居，常处在寒风凛冽之中，多吃牛羊乳汁和动物骨肉，故体格健壮，不易感受外邪，其病多内伤；而东南地区，草原沼泽较多，地势低洼，温热多雨，人们的皮肤色黑，腠理疏松，多易致痈疡，或易致外感。因此，治疗时就应该根据地域不同，区别用药。如同为外感风寒，则西北严寒地区，用辛温发散药较重；而东南地区，用辛温发散药较轻；这就是因地制宜原则在中医学上的具体应用。《内经》专设《异法方宜论》一篇，讨论不同地域的人们易患的病种，以及病变和治法特点等。可见，古代中医学家十分重视因地制宜治疗疾病。

11. 中医典故十一·杯弓蛇影

《晋书·乐广传》记载，一天，乐广宴请宾客，大厅中觥筹交错，异常热闹，大家猜拳行令，饮酒作乐。一位客人正举杯痛饮，无意中瞥见杯中似有一游动的小蛇，但碍于众多客人的情面，他硬着头皮把酒喝下。从此以后，他忧心忡忡，老是觉得有蛇在腹中蠢蠢欲动，整天疑虑重重，恶心欲吐，最后竟卧床不起。乐广得知他的病情后，思前想后，终于记起他家墙上挂有一张弯弓，他猜测这位朋友所说的蛇一定是倒映在酒杯中的弓影。于是，他再次把客人请到家中，邀朋友举杯，那人刚举起杯子，墙上弯弓的影子又映入杯中，宛如一条游动的小蛇，他惊得目瞪口呆，乐广这才把事情的原委告诉了他。病人疑窦顿开，压在心上的石头被搬掉，病也随之而愈。

乐广称得上是一位"良医"，他懂得怎样去除病人的心病，比一般滥施药物的庸医高明一筹。中医管这种方法叫"祝由"。王冰将祝由解释为"祝说病由"，意为向病人解释病因，让病人打消顾虑，不必用药而病自愈。若病人对认定时病因笃信不疑，百般劝说无效，这时不妨先依从病人，再设法打消病人的顾虑。金元时期的著名医家张子和有类似治验。一位病人诉说她在吃饭时误吞下一条虫子，别人怎么解释也无效，她总觉得虫子在腹中作乱，整天不得安宁。病人求张子和诊治，张子和开出一帖催吐药方，声称病人服药后虫子必从口中吐出，暗中他告诉病人的贴身丫鬟，趁病人呕吐之机放入一根红丝线到呕吐物中，哄她虫已吐出。丫鬟依计而行，病人见吐出的东西里果然有一条虫子，从此再不疑心，心胸也舒畅多了。

12. 中医典故十二·坐堂医生

张仲景是东汉建安年间著名的医学家，医术高超，深受平民百姓的爱戴。汉献带建安中期，张仲景官至长沙太守。当时，湘江一带，瘟疫流行，很多人死于伤寒，他由于政务繁忙，不能经常走村串寨，为患病的老百姓送医送药，心中十分不安。一天，张仲景正在审理一起盗窃耕牛的案件，一个听差进来对他说，有一位母亲搀着生病的儿子来了，在外面等候半个多小时了，要找大人给他看看病。张仲景一听，马上说："快把病人请进来！"病人是个20多岁的农民，几天来，持续发烧，体温逐渐增高，头痛，精神疲乏，吃不下饭，大便干结，肚子胀，还有恶心呕吐的现象。病人不愿说话，很多的临床症状是他母亲叙述的，说："他的耳朵好像发背，身上有少量的淡红色的皮疹。"张仲景给病人切脉之后又看了看他的舌苔，判断是伤寒。对伤寒病不可掉以轻心，如果不及时进行治疗，任其发展下去，肠道壁上的淋巴结可能会破溃，因而造成肠出血，甚至肠穿孔，那就有生命危险了。张仲景对病人的母亲说，这种病多发生在夏秋季节，平时要注意饮食卫生，防止病从口入，健康人要与病人隔离开，以免传染。他给病人开了处方，最后的落款是"坐堂医生张仲景"。此后，许多病人来找张仲景看病，他不管在办理什么重大的案件，都将其暂停，先为病人看病，最后，在处方落款处，名字的前面，冠以"坐堂医生"四个字。

张仲景受到世人的崇敬，后来的药店和药铺都以"堂"为荣，以"堂"冠名，如同仁堂、达仁堂、济益堂、仙鹤堂等，医生给病人看病叫坐堂。

　　**启迪**：从神农尝百草到现在，中医已有几千年的历史了，在不断发展的过程中，出现了很多趣闻杂谈。十二则典故涵盖了方方面面，或谈由来，或谈医理，或谈逸事，读后在慨叹中医文化博大精深的同时，又有醍醐灌顶的通透之感。最后，以明末医家裴一中《言医·序》中的一段话做结，"学不贯今古，识不通天人，才不近仙，心不近佛者，宁耕田织布取衣食耳，断不可作医以误世！医，故神圣之业，非后世读书未成，生计未就，择术而居之具也。是必慧有夙因，念有专习，穷致天人之理，精思竭虑于古今之书，而后可言医。"足可见，才不近仙，德不近佛者，难为大医。

1. 简述中医药与中华传统文化的联系。

2. 简述新时代如何传承和弘扬中医药文化。

3. 简述中华传统养生的内容包含哪些。